常備醃漬多蔬料理

三悅文化

Introduction

看起來很豪華，骨子裡卻是家常菜
會讓人想學著做的奈奈流餐點

身為烹飪教室的老師，說這種話大概會挨罵吧……但我非常怕麻煩。

做飯是每天的工作，費時費工的菜色偶一為之就好，平常的三餐最好是能將通往「美味可口」的距離縮到最短。

然而，大家翻開這本書，看到裡頭的菜色，可能會覺得「一點都不簡單好嗎！」「要從前一天就開始準備喔！」可是，只要繼續看下去，就會明白。基本上是很『偷工減料』的（笑）。

不過，追求簡單絕不是『偷懶』，所以必須好好進行為了簡單就能做得美味的前置作業。這麼一來，反而會很有效率，不容易失敗。

舉例來說，只要先把蔬菜稍微曬乾，就不用再汆燙了，既可以縮短烹調時間，也可以減少要洗的東西。站在素食料理家的立場，蔬菜經過愈多道加工手續，養分就流失得愈多。簡單的作法對身體其實也比較好。

我認為「對身體沒有負擔，還能調整每天的身體狀態」是家常菜最重要的任務。可是，如果就連外觀也很「家常」就不好玩了，所以加入一點可以讓外觀看起來像是「豪華大餐」的點子。我想這就是「看起來很豪華，骨子裡卻是家常菜」的奈奈流餐點。

人生很長，所以最好是可以用輕鬆的心態一直繼續做下去的料理。因此，我提供了能讓做菜本身變得開心，洋溢著歡聲笑語的技巧、為了能永遠笑著吃飯的保健知識。希望這本充滿了真心與愛的書，能與各位分享我在烹飪教室裡傳授給大家的各種相關資訊！

Contents

Welcome to NANA Gohan!
七個國家的大盤菜食譜 —— 034

Chapter 2
享受育菌之樂的美味裝罐料理 —— 089

Cultivation Life

Chapter 3
可以在都市裡放慢腳步過日子的裝罐料理 —— 109

NANA's Style

Chapter 1

以蔬菜為主角的大盤菜主食

NANA's Kitchen

1

就算只有蔬菜也能大大滿足的烹飪教室

在東京都內開設了以有機食材為主的烹飪教室。我並不是素食主義者，所以偶爾也會加入肉類，但基本上全都是蔬菜。除了對身體好以外，也是因為我喜歡各式各樣的蔬菜。

體驗過的學生多半都會有「明明只有蔬菜，卻有著類似肉類料理的滿足感，真令人大吃一驚！」的感想。讓大家對此大吃一驚，也是這間烹飪教室的目的之一。

教室採取由我一個人負責烹調的示範教學模式。讓學員觀察四、五道菜製作

教室為每次六到七人的小班制。將食譜分給學員，讓學員邊看那張紙，邊做菜給他們看，最後再讓大家一起享用奈奈流的美食。

的過程。

為什麼不讓學員做呢？除了作法真的很簡單之外，我也想要教大家一些食譜以外的事情。

為什麼肉和魚料理會給人比較高的滿足感呢？那麼蔬菜又該怎麼處理才好呢？使用的食材會對身體產生什麼作用呢？我邊傳授這些可以說是料理關鍵的知識，配合學生們的身體狀況，也提到一些重要的飲食資訊，例如油與鹽的知識、育菌與發酵的知識、過敏的知識等等。

我希望能一面製作顛覆大家過去對素食餐點的刻板印象，具有飽足感的料理，一面與大家分享其所蘊含的嶄新飲食價值觀。我每天都是抱著這種想法站在廚房裡的。

NANA's Kitchen

2

沿用同一種醬汁的大盤菜

我在做菜的時候，最先製作的是決定味道關鍵的醬汁。再利用那些醬汁來做菜。

例如在做泰國菜的時候，一開始要先製作魚露醬。再用魚露來為沙拉調味、做成生春捲的沾醬、或是為打拋菜提味。

為何可以通用呢？那是為了讓做菜變成一件非常簡單的事。只要搞定醬汁的味道，就能輕鬆地決定好料理的味道。即使沿用同一種醬汁，也不會全部變成同樣的味道，別擔心。因為每種蔬菜的風味和口感都不一樣，只要將調理方法分成生吃、清炒等等，就會產生變化。倘若再加入一點發酵調味料或香辛料，又會變成另一種不同的風味。可是因為基礎是同樣的美味，所以就能成為具有整體感的一盤。

我的料理是一個人一盤的大盤菜。不分裝成小盤，放上三到四道菜，一直裝到盤子的邊邊。可以的話，要洗的碗盤愈少愈好，很適合我這種大而化之的性格（笑）。

蔬菜直接生吃的話，可以感受到各種蔬菜的甘甜。帶出甘甜的具體方法將在P18介紹。

NANA's Kitchen

3

帶出蔬菜的甘甜之後就不必再使用任何砂糖

砂糖絕對不會出現在我的食譜裡。

最大的理由是因為砂糖有可能會引起身體發炎的作用，所以不想用，而且蔬菜本身就很甘甜，砂糖根本派不上用場。蔬菜的甘甜是會讓人感到安心的溫和風味，而且各種蔬菜的甘甜都各有巧妙不同，非常好吃。為了讓大家都能感受到這一點，就連甜點也不使用砂糖。

只要用低溫慢慢地蒸、或者是用炒的，就能徹底地帶出蔬菜的甘甜。無論如何都希望甜度高一點的時候，可以使用味醂或蜂蜜。只要加入砂糖三倍量的味醂，就能製造出相同的甜度。以米為原料的味醂可以為蔬菜增添更有層次的風味。

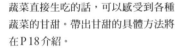

NANA's Kitchen

4

只以鹹味&酸味調味，所以味道不會跑掉

我想各位應該都有過不少明明很努力地做菜，卻在最後的調味失敗的經驗。

其原因在於使用了太多種調味料。尤其是甜味和鹹味同時使用的話，味道很容易跑掉，或者是出現味道不怎麼樣的情況。因此，在我的烹飪教室裡，其本上只以鹽調味。

由於蔬菜本身的風味很複雜，為了帶出蔬菜的美味，調味料愈簡單愈好。而且只以鹽調味的話，只要別太鹹，就不會失敗了。

另外，站在輔佐鹽的位置上，不可或缺的是酸味。我都是利用柑橘類來製造酸味。冬天用檸檬或日本柚子、夏天則是酢橘等等，使用的都是當季的柑橘類。

手工做的魚露醬可以說是鹹味&酸味的集大成。可以直接淋在食物上，也可以用來醃漬。醬汁是以檸檬為主製成的（食譜見P38）。

NANA's Method

01

以小火慢慢炒的水炒 & 蒸煮法

將蔬菜美味鎖住的奈奈流做菜原理

帶出甘甜的時間至少要15～20分鐘

有兩種方法可以帶出蔬菜的甘甜。

第一種方法是用蒸的。把蔬菜放進鍋子裡，灑一把鹽，蓋上鍋蓋，用小火蒸15～20分鐘。不加水也不用油。蔬菜會自己出水，甜度倍增。

另一種方法則是水炒法。這是用水代替油來炒菜的方法，灑一把鹽，『邊炒邊煮』。

洋蔥的調理方法中有「炒成焦糖色」的說法，但即使透明，甜度還是一樣的！不需要為了炒出焦糖色而開大火。大火會讓甜味出不來，反而不行。別省那15～20分鐘的時間，慢慢地、仔細地炒熟。這麼一來，鍋子裡就會奇蹟般地讓蔬菜變得很甜。

02

將蔬菜美味鎖住的奈奈流做菜原理

手心的常在菌會和蔬菜產生化學反應

用手揉搓 用手攪拌

我在烹飪教室裡經常示範的一種作法是把少許的鹽放在掌心裡，讓學生們用手指使勁揉搓。品嚐攪拌前後的味道，會令人大吃一驚！因為鹽的風味產生變化，變得溫和圓潤了。

那是因為鹽在手心的常在菌作用下開始發酵了。用手調理的話，食材會產生化學反應，變得美味。這就是「親手培養」的意思。在揉搓或攪拌蔬菜的時候，也要用手。請學員們試味道的時候，也是用手傳遞。

常在菌會因人而異，即使以同樣的方式製作，也會成為一道一道風味各異的料理。肉眼看不見的細菌，威力真是太驚人了。

NANA's Method

03

將蔬菜美味鎖住的
奈奈流做菜原理

沒有肉也能製造出美味的傳統調味料

數量不用多！以下四種最重要

只有蔬菜的菜單之所以會讓人感覺到美中不足，是因為缺少肉或魚那種強烈的風味。反之，只要能帶出濃郁的風味，就能做出具有飽足感的素食料理。

其秘訣在於日本人從以前用到現在的四種調味料，味醂、醬油、味噌、醋。透過發酵，交織出多層次的濃郁風味，正是我們追求的美味。就算不是要做成味噌風味，只要加入一點點味噌提味，就能讓味道變得更有深度。

在烹飪教室裡，我會把一匙調味料放在掌心裡，讓學員們品嚐其濃郁的風味。大家舔上一口，都會發出「啊……」的嘆息，被美味打敗了（笑）。讓大家感受到素食料理的可能性，是最開心的瞬間。

NANA's Selection

會讓人想常備的
奈奈精選調味料

味醂

光是直接用舔的
也超好吃！

風味各有巧妙不同！
精選五瓶充滿國產米甘甜的味醂

1. 福來純三年熟成本味醂
使用自製的純米燒酎。純淨的甘甜會讓人上癮。〈白扇酒造〉

2. 最上白味醂
根據從江戶時代流傳至今的傳統製法，金黃色，風味圓潤溫和。〈馬場本店酒造〉

3. 一子相傳 小笠原味淋
採用了小型釀酒廠的手工製麴，風味濃郁的傑作。〈小笠原味淋釀造〉

4. 三州三河味醂
在味醂的發祥地——愛知縣三河製造。濃郁的甜味是其特徵。〈角谷文治郎商店〉

5. 三年熟成
純米本味醂 福味醂
金澤老字號釀酒廠的味醂。散發出完全成熟的美味。〈福光屋〉

少許的油和鹽可以讓蔬菜更美味

04

將蔬菜美味鎖住的奈奈流做菜原理

搞定油和鹽的人就能搞定健康

我的烹飪教室對「品質好的油」非常講究，甚至還請來了專門的老師開設油的講座。如果大家平常用的是沙拉油，請務必改成糙米油！因為『油』是包覆著人體細胞的細胞膜，光是換掉用來做菜的油，身體就能真正的變好。

此外，和油同樣重要的還有『鹽』。有些當成食用鹽販賣的「精製鹽」其實已經去除掉礦物質和鎂了。只要把平常吃的鹽換成「天然鹽」，就能攝取到人體不可或缺的營養成分，可說是「積沙成塔，集少成多」。不知不覺間就會對身體產生好的作用。當然，反之亦然。

Study

04

調整體內礦物質平衡的湖鹽與岩鹽

就是這三種在輪著用！

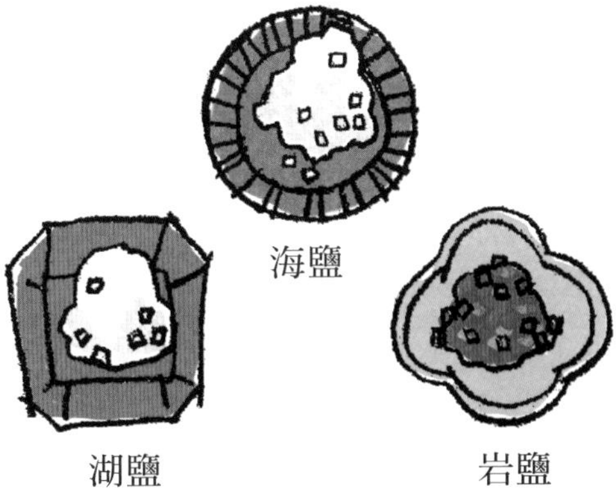

湖鹽的鹽分濃度比較高

花費漫長的歲月將鹽湖的水濃縮而成。氯化鈉的純度很高，口味比較鹹。

以高溫烘烤的雞蛋風味岩鹽

岩鹽是從地下挖掘出來的。具有高度的抗氧化及修復能力，有助於細胞早日恢復健康。

食用鹽的種類會烙印在身體裡!?

人體的鹽分濃度大約為0．9%。在500毫升的保特瓶裡加滿水和一小茶匙的鹽，就會成為和體液幾乎相同的鹽分濃度。例如在感冒的時候，可以加入天然鹽，製作成大約0．9%的口服電解質補充液。

別以為0．9%沒什麼大不了的。由於體液佔了人體的六成，體內的鹽分其實是不容小覷的量。若說攝取的鹽會烙印在身體裡，或許也不為過。

鹽的種類有海鹽、湖鹽、岩鹽（包括玫瑰鹽）等三種。從湖裡採集的湖鹽和從地層採集的岩鹽屬於陸地上的鹽，因此礦物質的純度與海鹽不同。生長在島國的日本人習慣攝取海鹽。重點在於請把這三種鹽輪著用，藉此取得礦物質平衡。

Study

04

油的品質即細胞的品質
盡量採用對身體好的油

不需要的油　盡量少用　推薦的油

一個月就要用完！

・荏胡麻油　很快就會氧化，所以請買小瓶裝。

半年就要用完！

・糙米油
・椰子油

這兩種油也可以加熱，比較不容易氧化。話雖如此，最長也得在半年以內用完。

四個月就要用完！

・其他油　盡可能選購瓶子不透光的產品。

如果要加熱，請選擇糙米&椰子油

和鹽一樣，自己的體內充滿什麼樣的油是非常重要的一件事。腦有60～65％都是油脂，細胞和血管的膜也都受到油的保護，所以油扮演著非常重要的角色。用來吸收養分的膜如果沒有好的油，就跟門生鏽沒兩樣，無法攝取到良好的營養，也無法排出不好的物質。

油的品質良莠不齊，有好的油，也有不好的油。適合加熱的是椰子油和糙米油。糙米油具有強大的抗氧化能力，也可以加熱。荏胡麻油雖然不能加熱，但是品質也很好。我使用的全都是有機產品。但是要注意，即使是好的油，也不能用太多。

直接攝取仔細萃取出來的天然營養

1. 巴塔哥尼亞鹽・細粉
採集自阿根廷湖泊的湖鹽。〈GIGA〉

2. 喜馬拉雅岩鹽・食用
山的礦物質全都濃縮在裡面的岩鹽。〈AMRITARA〉

3. 岩戶的鹽
原料只有海水。三重縣二見浦的天然海鹽。〈岩戶館〉

4. 沖繩海鹽
原封不動地將海水的礦物質結晶成營養均衡的沖繩海鹽。

5. 特級初榨椰子油
富含中鏈脂肪酸的萬用油。〈Garden of Life〉

6. 日式糙米油
含有大量天然的抗氧化成分。〈Rible Life〉

7. 現榨荏胡麻油
以低溫壓榨的方式萃取無農藥栽培的荏胡麻。〈地&手〉

8. 有機亞麻仁油
Omega-3脂肪酸的寶庫。〈Lines〉

9. 國寶印加果油
以被稱為「印加寶石」的亞馬遜產堅果為原料。〈PACHAMAMA〉

NANA's Selection

會讓人想常備的奈奈精選調味料

鹽、油

天然的鹽和油打造好身體！

05

晾過一天的蔬菜美味會三級跳

將蔬菜美味鎖住的奈奈流做菜原理

建議小曬一下可以增加維生素D

為了提升食材本身的風味，可以把蔬菜晾在窗邊或陽台上。只要把香菇或根莖類切成要下鍋的形狀，放在竹簍或吊在房間的網子裡，放上一天即可（笑）。我將其命名為『小曬一下』。光是這樣就能將美味與甜味濃縮在裡面。

香菇的風味十分濃郁，又有類似肉類及魚貝類的口感，所以很適合燉煮或炒。根莖類蔬菜根本不用煮，可以放進沙拉或做成醬菜直接生吃，所以養分不會流失。晾過之後，用鹽下去揉搓也不容易出水，還可以增加維生素D，好處不勝枚舉。維生素D十分優秀，素有萬能維生素的美譽，對於預防流行性感冒也很有效果。

簡單！小曬一下蔬菜

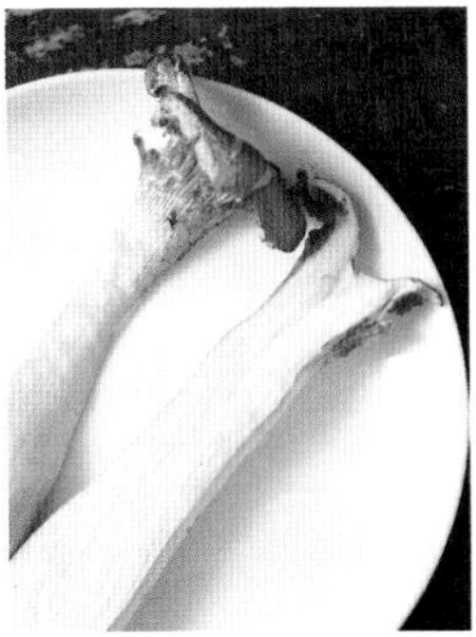

·杏鮑菇

就這麼放著可能會因為太厚而發黴，所以請先切片再晾乾。就會變身成鮑魚般的口感！

·蘿蔔

可以小曬一下做成沙拉之外，也可以切成長條狀來晾乾，做成蘿蔔絲。切成滾刀塊用烤的也很好吃！

·胡蘿蔔

切成細絲小曬一下，就會變軟，一下子就可以做成沙拉。色澤也很漂亮，所以有很多亮相的機會。

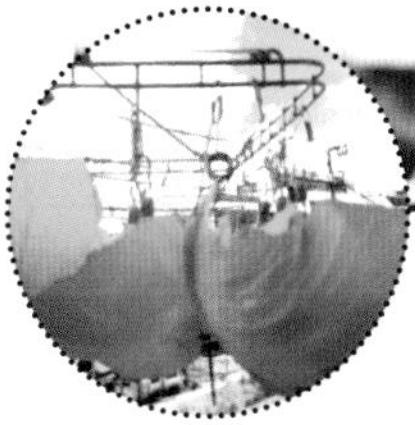

Before!

高麗菜捲的葉子先曬一下就不用再汆燙了！

把葉菜類夾在曬衣架上，一天過去，水分就會曬乾，變得與襪子無異的模樣也很可愛。因為會變得軟趴趴的，也可以直接捲成高麗菜捲。不需要事先汆燙，所以營養也不會流失。

變得軟趴趴的很好捲！

06

將蔬菜美味鎖住的
奈奈流做菜原理

讓糙米和豆子發芽以後再吃

天壤之別！有生命的營養補充品

看著裝滿水的大碗裡，抽出嫩芽的鷹嘴豆，會心一笑。啊，還活著呢！讓人覺得好高興。

我每次都會先讓豆子和糙米發芽以後再弄來吃。發芽的好處一簍筐，多到沒理由不讓它發芽。植物從沉睡的狀態進化到抽出嫩芽的階段時，處於能自己生成能量，充滿活力的狀態。營養價值會一口氣大增，還能提升消化吸收的效率，也比較好吃。即使是同一種豆子，發芽前和發芽後簡直判若兩人（兩豆？）。發芽後的每一個豆子都像是有生命的營養補充品。

為了發芽而把豆子或糙米浸泡在水裡，吸水之後會變軟，還可以縮短加熱的時間，真是一舉兩得。

Study

06

先解除妨礙消化物質的防護罩再吃

Point 1 泡水！

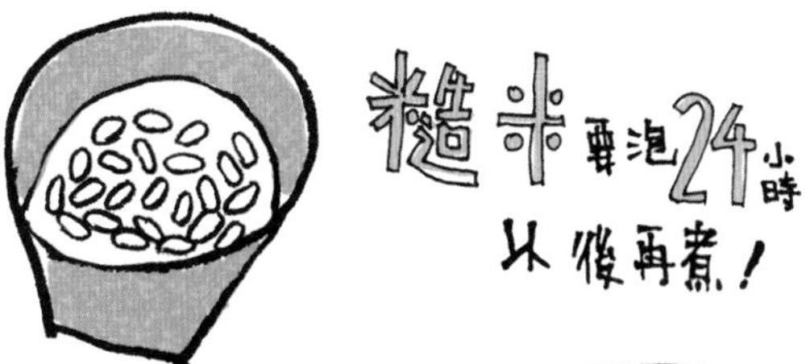

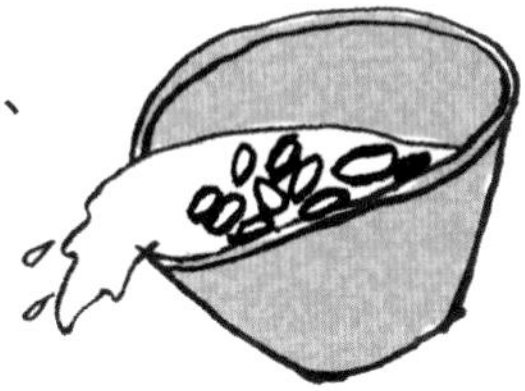

冬天一天一次、
夏天要換
兩次水！

附帶一提…
生的堅果最好也要泡水

杏仁 8小時　腰果 2小時　核桃 2小時

種子有自我保護的防護罩

米和豆為了拓展繁殖的區域，必須先讓動物吃進肚子，再化為糞便排泄出來。為了不被動物消化，會有一層堅固的防護罩。這其實就是米和豆發芽前的狀態。

當米和豆處於這種狀態進入人類的體內會怎麼樣呢？為了想辦法消化，消化液和酵素得使出九牛二虎之力，但最後還是無法消化，反而造成身體的負擔。

而在陰暗的場所將米和豆浸泡在水裡的『泡水』作業就是為了解除妨礙消化物質的防護罩。泡水時間及換水的頻率依植物而異，所以一開始可能還不習慣，但是要做的事就只有「泡水」和「換水」而已，所以只要做過一次，應該會發現其實很簡單。

Study

06

乾炒也能解除防護罩，富有變化又美味

Point 2 乾炒！

不適合用煮的！
因為會變得
硬梆梆…

也可以做成糙米鹽！

只要加點鹽巴，用研磨機攪碎，
就成了風味十足的食用鹽

也可以直接吃！

加醬油做成美味的
仙貝風

糙米除了煮飯以外，也有其他美味的吃法！

乾炒也能解除妨礙消化物質的防護罩。只要放在瓦斯爐上，讓種子在鍋子裡跳動，呈現爆米花的狀態，就表示已經是可以消化的狀態了。

只不過，也有用浸泡的方式無法解除的防護罩。那就是種子已經死亡，不會再發芽的東西。像是以高溫乾燥而成的市售發芽糙米，即使泡水也無法再活過來。像這種時候只要改成乾炒的方式就可以解除防護罩。乾炒過的糙米很有嚼勁，吃起來就跟零嘴一樣（也可以做成沙拉）。用研磨機將其攪碎，加點鹽巴，就成了風味十足的炒糙米鹽。這些全都既香又好吃。

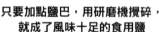

請選擇接近原種的米。迷惘的時候就用「笹錦米」

我從小就是過敏體質，對米也很敏感。還曾經因為吃了多次品種改良的米而陷入過敏性休克。遵循古法栽培的原種米是最適合我這種體質的米。在以前那個還不流行加工的時代，笹錦米或越光米以前的米。以下為各位介紹的「旭1號」是早笹錦米和越光米三代的祖先，「農林22號」則是越光米的父母。

另外，不限於商品，如果要我推薦的話，我會推薦日本人從以前吃到現在，接近原種，比較好消化的笹錦米。現在的越光米柔韌彈牙又甘甜，通常都不好消化，所以每天吃的話會對身體造成負擔。由於米是每天的主食，對身體也會造成相當大的影響。

NANA's Selection

會讓人想常備的奈奈精選好米

米

接近原種，好消化的米

這些米是笹錦米或越光米的源頭

旭1號

是以無農藥、無肥料栽培的原種，就連米店老闆可能也不知道的罕見米。又稱為「夢幻之米」。〈健康商店健友館〉

農林22號

這也是無農藥、無肥料。在昭和初期～中期廣為栽培。風味十分清爽，是以前吃的那種米的味道。〈天神自然農園〉

看了就很想吃的植物化學成分的魔法

甜菜的粉紅色、紫高麗菜的紫色。

我最喜歡這種難以想像是自然生成，色彩繽紛、栩栩如繪的蔬菜了。

一刀切下去，粉紅色就跑出來見人，令人心動不已。就算只灑上鹽和油來吃，啊～好漂亮！心情都變好了。

近年已經得知這些五顏六色的蔬菜們含有名為「植物化學成分」，對身體好的成分。

請盡可能在保持其顏色的狀態下品嚐這些顏色漂亮到令人食指大動的蔬菜。不只好吃，還賞心悅目。如此一來，會從身體內側開始改變。這或許是日常生活中小小的魔法。

何謂植物化學成分…？

意指蔬菜及水果的色素或香味、苦澀所含的成分。具有可以消除會讓人體生鏽的活性氧，提升免疫力等效果。是繼五大營養素＋膳食纖維的第七種營養素，備受矚目。

FAVORITE COLOR

RED CABBAGE

RED RADISH

BEETS

RED CAULIFLOWER

Welcome to NANA Gohan!

七個國家的大盤菜食譜

以下為大家介紹
在我的烹飪教室裡
特別大受好評、
粉墨登場過好幾次的
七國美食的作法！

01 THAILAND 泰國

02 INDIA 印度

03 CHINA 中國

04 ITALY 義大利

05 JAPAN 日本

06 MEXICO 墨西哥

07 KOREA 韓國

THAILAND 泰國

素打拋與
生春捲大盤菜

從手工製的
魚露醬
展開令人微笑的旅程

微笑之國——泰國的大盤菜。決定味道的關鍵就在於使用在所有料理上的魚露醬。只要記住把檸檬、味醂、魚露用一比一比一的份量調好，基本上就不可能失敗了。每個檸檬的水分都不太一樣，所以一開始先擠檸檬，再配合其份量加入另外兩種，就不需要計量了。

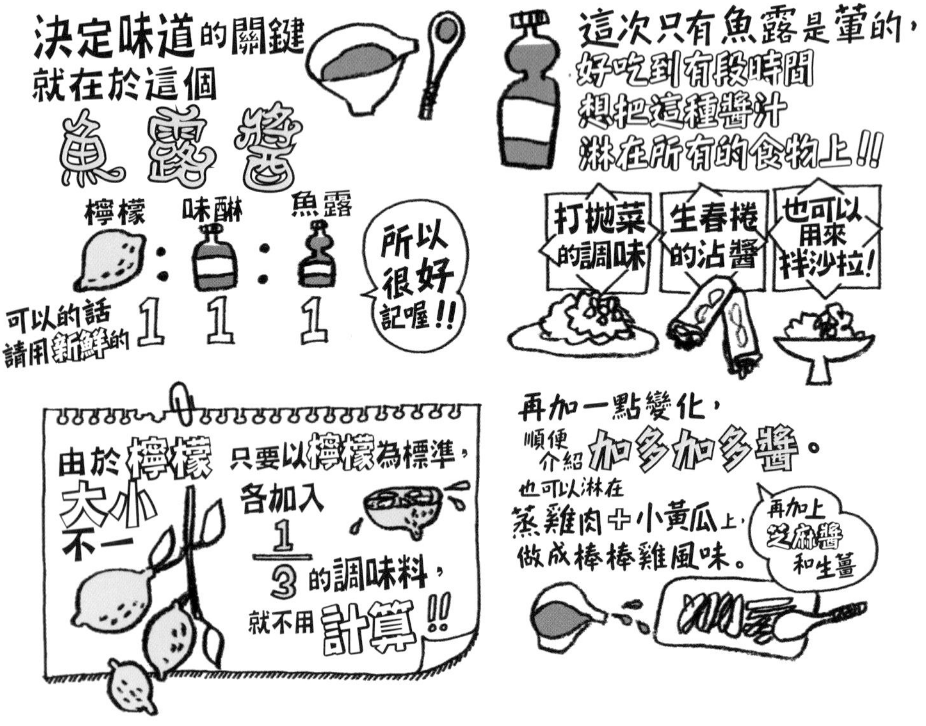

決定味道的關鍵
就在於這個
魚露醬
檸檬 味醂 魚露
1 : 1 : 1
可以的話請用新鮮的
所以很好記喔!!
這次只有魚露是葷的，
好吃到有段時間
想把這種醬汁
淋在所有的食物上!!
打拋菜的調味
生春捲的沾醬
也可以用來拌沙拉!
由於檸檬大小不一
只要以檸檬為標準，
各加入 1/3 的調味料，
就不用計算!!
再加一點變化，
順便介紹加多加多醬。
也可以淋在蒸雞肉+小黃瓜上，
做成棒棒雞風味。
再加上芝麻醬和生薑

01

Menu

- 基本的魚露醬
- 炒油豆腐和茄子的素打抛（九層塔）
- 黏黏的生春捲
- 蘿蔔絲的泰式涼拌沙拉

特製醬汁

基本的魚露醬

與蔬菜及肉都很對味的全方位調味料

材料

- 檸檬汁……50cc
- 味醂……50cc
- 魚露……50cc
- 生辣椒……隨意
- 蒜泥……少許

作法

1. 將生辣椒切成小丁，再把所有的材料混合攪拌均勻。利用新鮮的檸檬來搞定風味。檸檬汁、味醂、魚露的比例為1：1：1。

＊可以放在冰箱裡保存1個月。

Source Arrange!

加多加多醬

特製醬汁

利用升級版的魚露醬變身成濃郁的醬汁！

材料

- 魚露醬……100cc
- 芝麻醬（花生醬亦可）……1大茶匙
- 生辣椒……隨意
- 薑末……1片

作法

1. 將生辣椒切成小丁，再把所有的材料混合攪拌均勻。

① Point!

光是淋在烤過的蔬菜上，就成了一道菜，也可以淋在蒸雞肉上，做成棒棒雞風味。當然和生菜也很對味。

炒油豆腐和茄子的素打抛（九層塔）

材料（4人份）

- 嫩豆腐……1塊
- 九層塔……隨意，多一點會比較好吃
- 茄子……2～3條
- 甜椒……2個
- 杏鮑菇……4根
- 洋蔥……1個
- 大蒜……3瓣
- 生薑……4片
- 魚露醬……適量
- 味噌……1大茶匙
- 鹽……少許
- 太白粉（以同量的水溶解）……適量
- 椰子油……適量

① Point!

比照P26～27的小曬一下。這麼一來，味道會濃縮，變得像肉一樣。藉此讓美味更上一層樓。

Not肉，But肉料理！？代表性的富有飽足感素食

作法

1. 把杏鮑菇切成1cm的小丁，從前一天晾乾備用。
2. 將豆腐的水分瀝乾，切成2cm的小丁，將椰子油均勻地倒入平底鍋中，煎到稍微帶點金黃色。破掉也沒關係。 接到P40

自製油豆腐的作法

需要的是那股香氣，所以即使不用炸的，只用一點油『邊煎邊烤』也無妨。只要煎到帶點焦色就行了。

炒油豆腐和茄子的素打拋（九層塔）

作法

3. 承接P39 將茄子、甜椒、洋蔥各切成1cm的小丁備用。再把大蒜、生薑切成碎末。

4. 在切好的茄子上灑一點鹽，靜置20分鐘左右，讓茄子變軟，再把因為滲透壓而釋出的水分倒掉。這麼一來，在調理的時候就不會吸收過多的油。

5. 將椰子油均勻地倒入附有鍋蓋的鍋子裡，爆香大蒜、生薑。

6. 爆出香味以後，再倒入**1**～**4**和少許的鹽巴，攪拌均勻，蓋上蓋子，以中火燜15分鐘左右。

7. 加入味噌後再以魚露醬調味，最後再倒入調好的太白粉水勾芡。

8. 關火，加入九層塔，攪拌一下。最後再視個人口味淋上魚露醬。

讓茄子吸收本身的水分！

④ Point!

茄子呈現海綿狀，所以很容易吸油。灑鹽可以利用滲透壓讓茄子本身的水分進到海綿的空隙裡，抑制油的吸收。

⑥ Point!

即使用油，也可以採用P18的蒸煮原理。

黏黏的生春捲

把要吃的蔬菜放在大碗裡，緊緊地捲成一條

材料（4人份）

- 米紙⋯⋯4張
- 秋葵⋯⋯4根
- 納豆⋯⋯2盒
- 胡蘿蔔⋯⋯1/2根
- 紫高麗菜⋯⋯3片
- 酪梨⋯⋯1個
- 香菜⋯⋯40g
- 魚露醬⋯⋯適量

作法

1. 直接把生的秋葵切成圓片，與納豆攪拌到產生黏性，以魚露醬調味。

接到P42

會產生納豆激酶！

由於白色的黏液愈多愈好，總之請徹～底地攪拌均勻！名為納豆激酶的成分會讓血液變得很乾淨。

黏黏的生春捲

作法

2. 承接P41 把胡蘿蔔、紫高麗菜切成細絲（視個人口味選擇當季的蔬菜）。

3. 把酪梨切成菱形。太軟的話可搗成泥。將香菜切成2cm。

4. 盛一碗水，迅速讓米紙過水，再把喜歡的餡料放在前方中間，把兩邊摺進來，捲起來。

5. 沾魚露醬吃。

④ Point!

把喜歡的蔬菜依喜歡的量放在米紙的前方中間。

同樣依個人喜好的量，把拌勻的秋葵和納豆放上去。

將兩端往內摺，一邊壓緊裡頭的食材，從下面翻過來。

邊捲邊壓，小心不要讓餡料跑出來，翻到漂亮的那一面就大功告成了！

蘿蔔絲的
泰式涼拌沙拉

蘿蔔裡充滿了
蕃茄的美味

材料（4人份）

- 胡蘿蔔（可以的話請先晾一天）……1根
- 四季豆……8根
- 生堅果（泡過水）……1把
- 蕃茄……2個
- 曬乾的蘿蔔絲……80g
- 魚露醬……適量

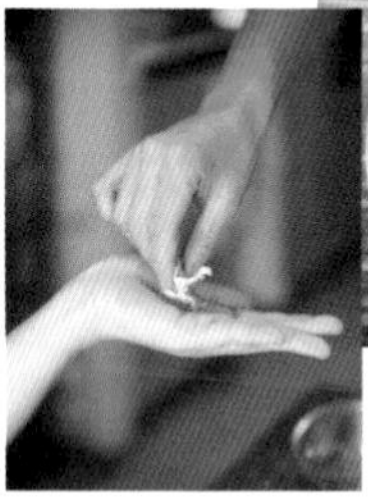

作法

1. 將胡蘿蔔切成細絲，把四季豆切成3cm左右。

2. 用手捏爛蕃茄，與曬乾的蘿蔔絲一起揉捏，再加入**1**和堅果、魚露醬，混合攪拌均勻。

＊堅果類生吃的時候會有妨礙消化物質，看是要先泡水，還是用炒的使其比較好消化。泡水時間依種類而異。

② Point!

用手充分地揉捏。啟動常在菌！

光是蕃茄的水分就可以讓曬乾的蘿蔔絲恢復水嫩！

用其他蔬菜的水分讓曬乾的蔬菜恢復水嫩，美味倍增。讓蘿蔔充滿蕃茄的風味。

INDIA 印度

發芽鷹嘴豆的咖哩大盤菜

讓米和豆雙雙發芽！
享用天然的營養補充品

印度大盤菜可以品嚐到解除妨礙消化物質防護罩的米和豆，是宛如營養補充品般的一道菜。重點在於要徹底地發揮香辛料的威力。最好不要用市售的咖哩塊，而是把自己喜歡的香料加到咖哩粉裡。我喜歡的香料為小豆蔻！總是不小心加得比食譜上寫的還多。

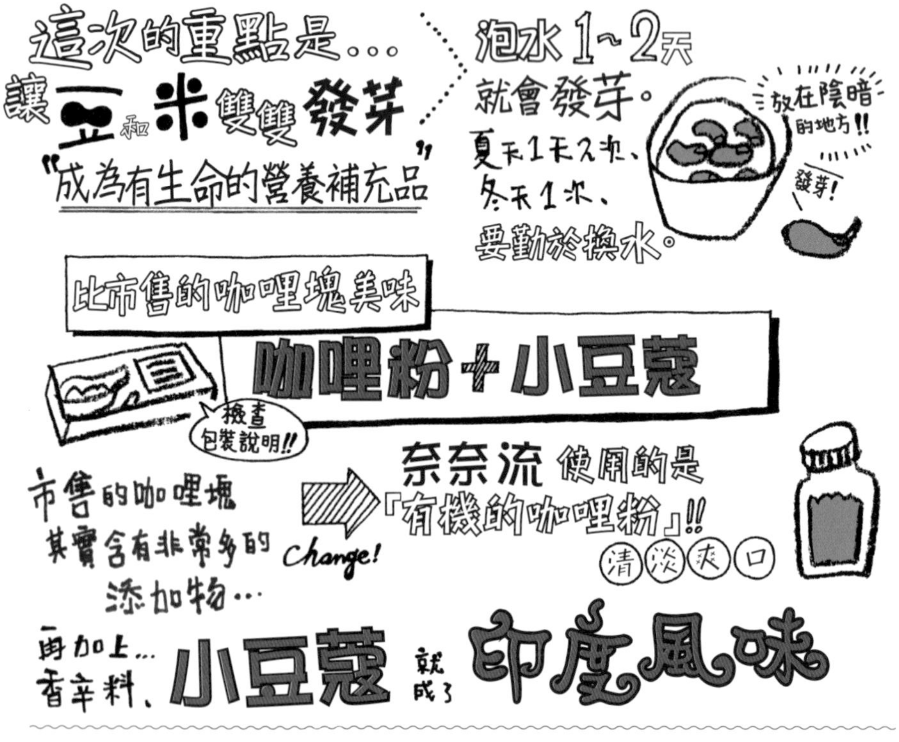

這次的重點是…
讓豆和米雙雙發芽
"成為有生命的營養補充品"
泡水1~2天就會發芽。
夏天1天2次、冬天1次、要勤於換水。
放在陰暗的地方!!
發芽!
比市售的咖哩塊美味
咖哩粉+小豆蔻
檢查包裝說明!!
市售的咖哩塊其實含有非常多的添加物…
Change!
奈奈流使用的是「有機的咖哩粉」!!
清淡爽口
再加上…香辛料、小豆蔻就成了印度風味

02

Menu

- 恰納馬薩拉（鷹嘴豆咖哩）
- 香菜醬
- 豆腐渣可樂餅
- 南洋風沙拉

恰納馬薩拉
（鷹嘴豆咖哩）

用鬆鬆軟軟的鷹嘴豆
製造出加了肉的咖哩口感

作法

1. 將鷹嘴豆泡水24小時（早晚要換水）使其發芽，最後再換一次水之後，煮成喜歡的硬度。

左為發芽前，
右為發芽後

光是泡水一天，體積就膨脹一倍。由於已含有大量的水分，也可以縮短煮的時間。

材料（4人份）

- 鷹嘴豆（脫水）……160g
- 洋蔥……2個
- 蕃茄……4個
- 青椒……4個
- 大蒜……2～3瓣
- 生薑……4片
- 小茴香籽……不到1小茶匙
- 咖哩粉……4大茶匙
- 印度綜合香料……少許
- 味噌……1大茶匙
- 鹽……適量
- 椰子油……適量
- 香菜……隨意
- 椰子細粉……有的話2大茶匙
- 芥子……有的話1小撮
- 小豆蔻籽……有的話1小撮

2. 把洋蔥、蕃茄、青椒切成1cm的小丁，再把大蒜、生薑切成碎末。

3. 將椰子油均勻地倒在鍋子裡，用小火炒小茴香籽、芥子、小豆蔻籽，炒到發出香味，再加入大蒜、生薑、洋蔥、蕃茄、少許鹽拌勻，蓋上鍋蓋，以小火～中火充分地燜上30分鐘左右。

4. 把咖哩粉、印度綜合香料、**1**倒進**3**裡，繼續拌炒，再加入青椒和椰子細粉、味噌、鹽，用中火燉煮10分鐘左右，直到入味。最後再用鹽巴調整鹹度。

5. 視個人喜好加入香菜。

香菜醬

按一下果汁機就搞定了！
綠色蔬菜的香味四溢

特製醬汁

材料

- 香菜……60g
- 青椒……1個
- 洋蔥……1/4小個
- 大蒜……1瓣
- 檸檬汁……2～3大茶匙
- 鹽……不到1大茶匙
- 水……75cc
- 生辣椒……隨意

作法

1. 把所有材料丟進食物調理機裡，打成糊狀。

豆腐渣可樂餅

用豆腐渣重現
道地的小點心

材料（4人份）

- 豆腐渣……150g
- 洋蔥……1/2小個
- 生薑……1片
- 香菜……40g
- 味噌……1大茶匙
- 鹽……適量
- 椰子油……適量
- 麵粉……70g（份量抓豆腐渣的大約一半）
- 水……適量
- 生辣椒……隨意
- 小茴香籽……有的話少許
- 芫荽籽……有的話1小茶匙
- 香菜醬……隨意

作法

1. 把洋蔥、生薑、生辣椒、香菜切成碎末，加入豆腐渣，混合攪拌均勻。再加入味噌、鹽、小茴香籽、芫荽籽，繼續拌勻，邊試味道邊調整。

2. 把麵粉、水加到**1**裡，直到類似漢堡排的硬度，再捏成一口大小的圓形。

3. 用平底鍋加熱椰子油，把兩面煎熟。最後再以香菜醬點綴。

③ Point!

當地使用的是一種叫作烏拉多達爾的豆子，但是很難買到，所以用豆腐渣代替。原本是像可樂餅那種炸物，奈奈流是用煎的。

材料（4人份）

- 嫩豆腐……1塊
- 小黃瓜……1根
- 紫色洋蔥……1/2個
- 芹菜……1根
- 蕃茄……1個
- 甜椒……1個
- 檸檬汁……2個份
- 岩鹽（也可以用其他鹽）……1～2大茶匙
- 蒜泥……少許
- 小茴香……隨意
- 印度綜合香料……隨意

南洋風沙拉

用嫩豆腐來代替印度菜裡常見的優格

作法

1. 將嫩豆腐的水分瀝乾以後，用食物調理機打成泥。再加入檸檬汁和岩鹽調味。

2. 把蔬菜切成自己喜歡的大小，與**1**混合攪拌均勻。

3. 加入大蒜及印度綜合香料、小茴香調味。由於蔬菜會出水，最後再調整鹹度。

依喜好加入當季的蔬菜！

因為蔬菜的顏色會從嫩豆腐的乳白色裡透出來，重點在於選擇食材的時候要思考配色。

CHINA 中國

自製
可食用辣油的
麻婆豆腐大盤菜

兩種醬汁交織出大師級的深刻風味！

中式大盤菜是先做好可食用辣油和酵素沙拉醬，再以此為基礎延伸出來的菜色。兩者之中又以可食用辣油務必率先嘗試！不僅可多方面應用，還可以冷凍保存，所以非常方便。我會鋪平裝在夾鏈袋裡，要用的時候再折成一小塊一小塊來用。

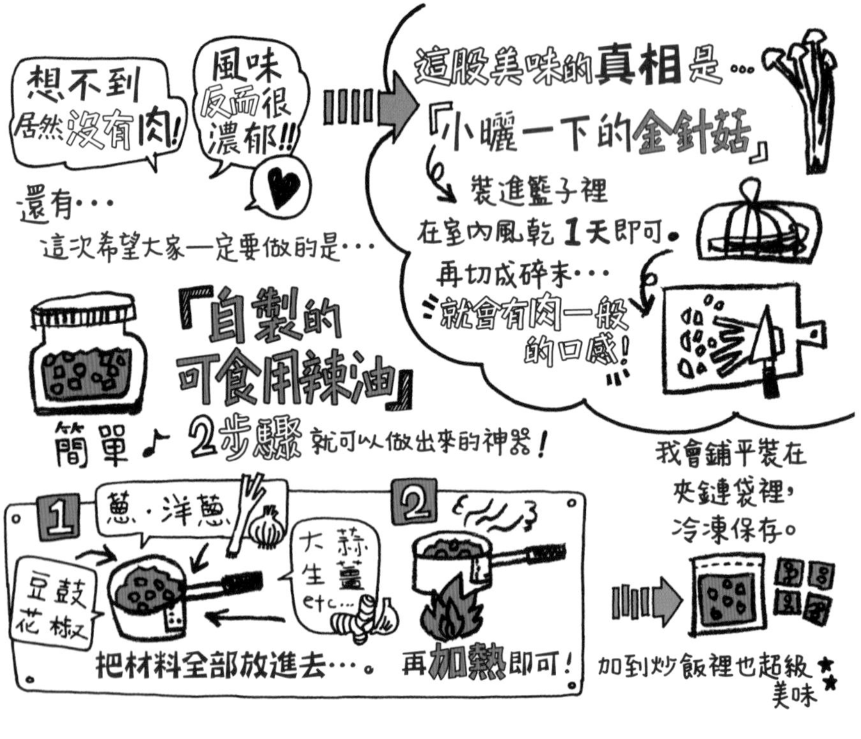

想不到居然沒有肉！
風味反而很濃郁!!
還有…
這次希望大家一定要做的是…
這股美味的真相是…
「小曬一下的金針菇」
裝進籃子裡
在室內風乾1天即可。
再切成碎末…
就會有肉一般的口感！
「自製的可食用辣油」
簡單♪ 2步驟 就可以做出來的神器！
1
蔥・洋蔥
豆豉
花椒
大蒜
生薑
etc…
把材料全部放進去…。
2
再加熱即可！
我會鋪平裝在夾鏈袋裡，冷凍保存。
加到炒飯裡也超級美味

03

Menu

- 可食用辣油
- 中華風酵素沙拉醬
- 麻婆豆腐
- 中式醃泡蘿蔔絲
- 山茼蒿與酪梨的沙拉

特製醬汁

可食用辣油

再也不用買了！
輕鬆地做出合自己口味的辣油

材料

〈材料A〉

- 洋蔥……1/2個
- 蔥……1根
- 大蒜……3～4瓣
- 生薑……3～4片
- 豆豉……100g
- 花椒……2大茶匙以上

- 味噌……2大茶匙
- 醬油麴（或者是醬油）……1大茶匙
- 味醂……4大茶匙
- 芝麻粉……1大茶匙
- 麻油……適量
- 辣椒粉……2大茶匙以上

作法

1. 將〈**材料A**〉切成碎末。

2. 倒入**1**和其他所有的材料，用中火煮15分鐘左右。視個人口味調整油的量、鹹味、辣度等等。

特製醬汁

中華風酵素沙拉醬

加入了大量的蔬菜和水果
可以吃的沙拉醬

材料

- 胡蘿蔔……1根
- 洋蔥……1個
- 蘋果……1個
- 檸檬汁（或者是當季的柑橘）……1個份
- 大蒜……1瓣
- 生薑……1片
- 黑醋……50cc
- 芝麻醬……60cc
- 醬油……60cc
- 鹽……1小茶匙
- 胡椒……少許

作法

1. 把所有的食材丟進食物調理機裡，攪拌到自己喜歡的程度。材料的甜度等等，會隨季節及產地而異，所以請依個人喜好，調整鹹度及酸味。

麻婆豆腐

小曬一下的金針菇與味噌是風味迷人的大功臣

材料（4人份）

- 嫩豆腐……2塊
- 蔥……3根
- 金針菇（可以的話先晾一天）……2把
- 大蒜……3瓣
- 生薑……4片
- 醬油麴（或者是醬油）……2大茶匙
- 味噌……3大茶匙
- 味醂……2大茶匙
- 胡椒……少許
- 可食用辣油‥2大茶匙以上（調整成喜歡的辣度）
- 太白粉（以同量的水溶解）……1大茶匙
- 水……100cc
- 麻油……適量
- 鹽……適量

作法

1. 把嫩豆腐切成2cm的小丁。
2. 把蔥、大蒜、生薑切成碎末。
3. 用小火在平底鍋裡爆香麻油和**2**，爆出香味以後，加入切成碎末的金針菇和少許鹽，繼續炒到軟為止。再加入**1**和100cc的水，煮到豆腐變熱。
4. 加入醬油、味噌、味醂、胡椒、可食用辣油，再加入太白粉水，用小火煮到濃稠。
5. 淋上麻油，帶出風味，再以鹽調味。

＊金針菇曬過一天以後再切成碎末的話，味道會更濃郁，口感也會變得很好。

＊使用醬油麴的時候，因為本身就有甜度，可以不用再加味醂。

中式
醃泡蘿蔔絲

將特製醬汁
揉搓入味

材料（4人份）

- 曬乾的蘿蔔絲……80g
- 木耳（脫水）……10g
- 胡蘿蔔……1根
- 蕃茄……2個
- 香菜……50g
- 中華風酵素沙拉醬……5大茶匙
- 可食用辣油……2大茶匙

作法

1. 用大量的水將木耳泡軟。
2. 把胡蘿蔔切成細絲。
3. 用手把蕃茄捏爛，以酵素沙拉醬和可食用辣油將曬乾的蘿蔔絲、胡蘿蔔揉搓入味之後，再與香菜、木耳拌勻。

別忘了
要用手攪拌！

為了讓曬乾的蘿蔔絲吸收大量的酵素沙拉醬和可食用辣油，要用手仔細地搓揉。

山茼蒿
與酪梨的沙拉

享用沙拉醬的沙拉
蔬菜是當季的新鮮貨！

材料（4人份）

- 山茼蒿（當季想吃的葉菜類）……1把
- 酪梨……1/2個
- 生堅果（泡過水）……1把
- 中華風酵素沙拉醬……1大茶匙

作法

1. 把山茼蒿、酪梨切成方便食用的大小。
2. 以堅果、酵素沙拉醬拌勻。

① Point!

由於特製醬汁的風味已十分完整，可用於任何蔬菜上。

ITALY 義大利

甜菜的粉紅色義大利麵大盤菜

市售的乾麵條就行了
甜菜會將義大利麵染色！

在為數眾多的菜單裡，這道義大利麵大盤菜是最受歡迎的菜色。食材的主角是粉紅色的甜菜。光是做成沙拉醬，與義大利麵拌勻，轉眼間就成為一道嬌艷欲滴的料理。以下除了甜菜沙拉醬以外，也將為大家介紹可以做起來備用的芥末醬和塔塔醬的作法＆用法。

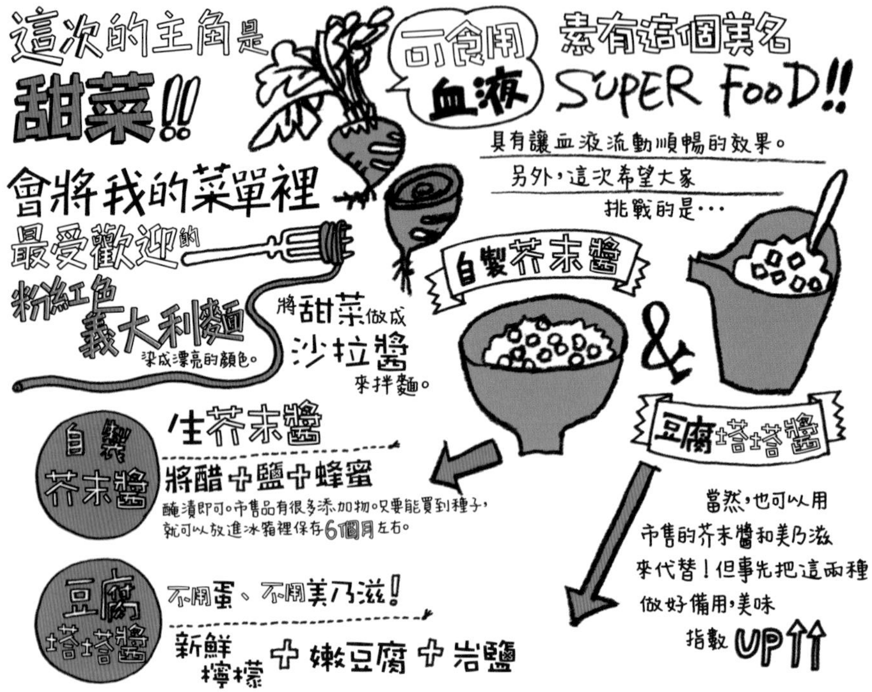
這次的主角是
甜菜!!
可食用
血液
素有這個美名
SUPER FOOD!!
具有讓血液流動順暢的效果。
另外，這次希望大家
挑戰的是…
會將我的菜單裡
最受歡迎的
粉紅色
義大利麵
染成漂亮的顏色。
將甜菜做成
沙拉醬
來拌麵。
自製芥末醬
&
豆腐塔塔醬
自製
芥末醬
生芥末醬
將醋+鹽+蜂蜜
醃漬即可。市售品有很多添加物。只要能買到種子，
就可以放進冰箱裡保存6個月左右。
豆腐
塔塔醬
不用蛋、不用美乃滋！
新鮮
檸檬
+嫩豆腐+岩鹽
當然，也可以用
市售的芥末醬和美乃滋
來代替！但事先把這兩種
做好備用，美味
指數UP↑↑

Menu

- 甜菜沙拉醬
- 甜菜的粉紅色義大利冷麵
- 自製的生芥末醬
- 胡蘿蔔與芥末醬的沙拉
- 豆腐塔塔醬
- 豆腐塔塔醬的馬鈴薯沙拉

04

甜菜的
粉紅色義大利冷麵

不用揉麵就有這個顏色！
所有人都驚艷的生動顏色

甜菜沙拉醬

特製醬汁

光是這道醬汁就能把白色的食材染成鮮艷的粉紅色

材料

- 甜菜……1個
- 洋蔥……1個
- 蘋果……1/2個
- 檸檬汁（或者是當季的柑橘）……2個份
- 大蒜……1瓣
- 醋……30cc
- 橄欖油……50cc
- 醬油……40cc
- 岩鹽……1大茶匙
- 胡椒……少許

作法

1. 用食物調理機把所有的材料攪拌均勻。由於蔬菜的甜度等比例會依季節而異，所以要用檸檬汁或鹽調味。

連麵芯都染色了!!

起初是淡淡的粉紅色，揉搓一陣子以後，色彩就會滲透到義大利麵裡，變成深的粉紅色。

材料（4人份）

- 義大利麵……400g
- 紫色洋蔥……1/2個
- 芹菜……2根
- 紫高麗菜……4片
- 生堅果（泡過水）……2大茶匙
- 九層塔（小茴香或蒔蘿亦可）……20片
- 甜菜沙拉醬……適量
- 自製的生芥末醬（P60/也可用市售品）……適量
- 橄欖油……適量
- 岩鹽（也可用其他鹽代替）……適量
- 裝飾用的蔬菜（甜椒、胡蘿蔔、豆子、豌豆芽等）

作法

1. 先把紫色洋蔥、芹菜、紫高麗菜切成薄片備用。用大量的熱水煮義大利麵，再沖冷水以增加彈性。

2. 把**1**的蔬菜和堅果、九層塔與甜菜沙拉醬混合攪拌均勻，再加入義大利麵，充分拌勻。

3. 以自製的生芥末醬、橄欖油、岩鹽調味，再依個人喜好放上豌豆芽或其他的蔬菜。

自製的生芥末醬

特製醬汁

放冰箱可以保存半年！無添加的芥末粒

材料

- 芥子……100g
- 醋……適量
- 鹽……1小茶匙多
- 蜂蜜……2小茶匙以上

作法

1. 加入芥子兩倍量左右的醋，再加入鹽、蜂蜜，在常溫下靜置一天，然後再把醋加滿。分幾次把醋加進去，直到芥末醬變得黏呼呼的，不再吸收醋為止。從2、3週後到半年前後是最好吃的時候。也可以依個人喜好研磨搗碎。

胡蘿蔔與芥末醬的沙拉

芥末醬的風味十分迷人的清爽沙拉

材料（4人份）

- 胡蘿蔔（可以的話先晾一天）……2根
- 生堅果（泡過水）……4大茶匙
- 自製的生芥末醬（也可用市售品）……2大茶匙
- 橄欖油……1/2大茶匙
- 檸檬汁（或是當季的柑橘）……1大茶匙
- 鹽……適量

作法

1. 將胡蘿蔔切成細絲，稍微用鹽抓一下。

2. 稍微乾炒一下生堅果，用自製的生芥末醬和檸檬汁、橄欖油調味。

ITALY

豆腐塔塔醬

特製醬汁

材料

- 嫩豆腐……1塊
- 檸檬汁……1個份
- 岩鹽……1又1/2小茶匙
- 醃黃瓜……3大茶匙
- 橄欖油……1大茶匙
- 自製的生芥末醬（也可用市售品）……2大茶匙

不使用美乃滋！
用有蛋味的岩鹽做成塔塔醬風味

作法

1. 徹底地瀝乾嫩豆腐的水分備用。

2. 把**1**和岩鹽、橄欖油、自製的生芥末醬、檸檬汁放進食物調理機裡打到滑順。

3. 加入切成碎末的醃黃瓜，繼續攪拌均勻，調和味道。視個人口味調整鹹度和酸度。

豆腐塔塔醬的馬鈴薯沙拉

利用馬鈴薯 & 塔塔醬
製造飽足感

材料（4人份）

- 馬鈴薯……3個～4個
- 胡蘿蔔……1/3根
- 芹菜……1/2根
- 紫色洋蔥……1/4個
- 小黃瓜……1根
- 豆腐塔塔醬……適量
- 檸檬汁……適量
- 胡椒……適量
- 岩鹽（也可用其他鹽代替）……適量
- 荷蘭芹（蒔蘿或九層塔亦可）……適量

作法

1. 把馬鈴薯蒸熟，趁熱稍微過篩，放涼備用。

2. 將胡蘿蔔、芹菜、紫色洋蔥、小黃瓜切成1cm的小丁，稍微用鹽（份量外）抓一下，放一段時間。放到出水以後，再充分擰乾。把**1**和豆腐塔塔醬混合攪拌均勻，再加入岩鹽、胡椒，如果不夠酸的話，再加入檸檬汁調味。盛盤後灑上荷蘭芹。

JAPAN 日本

香料蔬菜的素食散壽司大盤菜

以當季的柑橘類入菜的小清新日本料理

春天排毒、夏天降溫、秋天把營養儲存在體內、冬天保溫……蔬菜最厲害的地方就在於能配合季節調整人體的狀態。所以請務必用當季的蔬菜來製作料多味美的散壽司。只要用當季的柑橘類來代替三杯醋，香氣也十分馥郁。只要善用醬油麴，風味更是迷人！

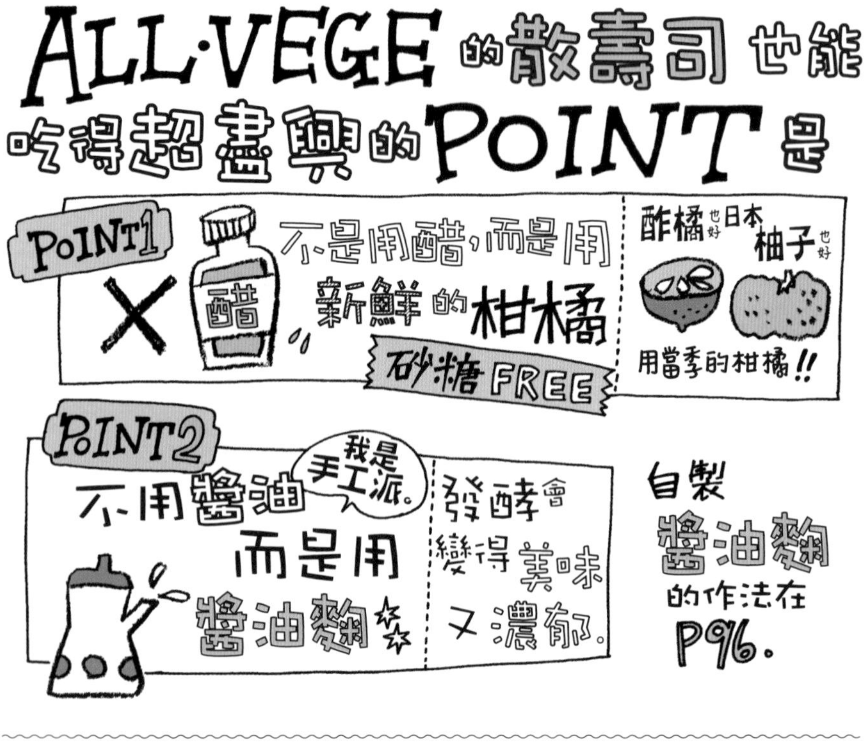

ALL·VEGE的散壽司也能吃得超盡興的POINT是
POINT1
不是用醋，而是用新鮮的柑橘
醋
砂糖FREE
酢橘也好 日本柚子也好
用當季的柑橘!!
POINT2
不用醬油 而是用 醬油麴
我是手工派。
發酵會變得美味又濃郁。
自製醬油麴的作法在P96。

05

Menu

- 香料蔬菜的素食散壽司
- 油炸豆腐包
- 昆布絲香菇湯
- 自製紅薑

香料蔬菜的素食散壽司

用當季蔬菜做成可以吃到季節感的佳餚！

1. **〈夏季香料蔬菜的素食散壽司〉**
把飯煮好，撥鬆以後放涼，把酢橘擠進去備用。

2. 用蓋過香菇的水把乾香菇泡軟，把水擰乾，切成薄片，加入2小茶匙的醬油麴和2大茶匙的味醂拌勻。

3. 將小松菜、胡蘿蔔切成方便食用的大小，分別用鹽稍微抓一下，靜置20分鐘左右，再把水分擰乾備用。

4. 將曬乾的蘿蔔絲浸泡在把乾香菇泡軟的水裡（直到水分差不多被吸乾為止），再加入2小茶匙的醬油麴和2大茶匙的味醂拌勻。

5. 將鴨兒芹切成方便食用的大小，再把紫蘇、蘘荷、紅薑切成細絲。把生玉米粒削下來備用。

＊玉米生吃的時候會有清脆彈牙的新鮮口感。

6. 把**1**～**5**和豆腐鴻禧菇鬆（P65）、菊花、毛豆、堅果攪拌均勻，用酢橘調味。

JAPAN

材料（4人份）

- 米……2杯
- 乾香菇……2朵
- 小松菜（可以的話先晾一天）……2把
- 胡蘿蔔（可以的話先晾一天）……1小根
- 曬乾的蘿蔔絲……15g
- 玉米……1/2根
- 鴨兒芹……少許
- 紫蘇……5、6片
- 蘘荷……3個
- 自製的紅薑（P67）……適量
- 酢橘（或者是當季的柑橘）……2個
- 生堅果（泡過水）……適量
- 毛豆……適量
- 菊花……適量
- 芝麻……適量
- 味醂……適量
- 醬油麴（或者是醬油）……適量
- 鹽……適量

〈豆腐鴻禧菇鬆〉

- 板豆腐（事先冷凍備用）……1塊（400g）
- 鴻禧菇……1袋
- 生薑……2片
- 醬油麴（或者是醬油）……3大茶匙
- 味醂……7大茶匙
- 糙米油……3大茶匙

作法

1. **〈豆腐鴻禧菇鬆〉**
將鴻禧菇的蒂頭切掉，再切成碎末。可以的話，請攤開來風乾一天，可以讓味道更濃郁。

2. 事先將板豆腐冷凍備用，再解凍，徹底地把水分擰乾，攪散備用。

3. 把糙米油均勻地倒進平底鍋裡，用中火爆香切成碎末的生薑，爆出香味以後，再加入**1**和**2**，繼續拌炒。炒到水分收乾以後，加入味醂和醬油麴調味，再炒5分鐘左右，直到水分繼續揮發，鬆鬆的即可。

事先將板豆腐冷凍備用！

直接裝在袋子裡冷凍，解凍以後再用手盡可能把水分擠出來，撕得碎碎的，就會有凍豆腐的口感了。

＊味醂或醬油麴的鹹度及甜味會依種類而異，所以請調整成自己喜歡的風味。稍微甜一點會比較好吃。

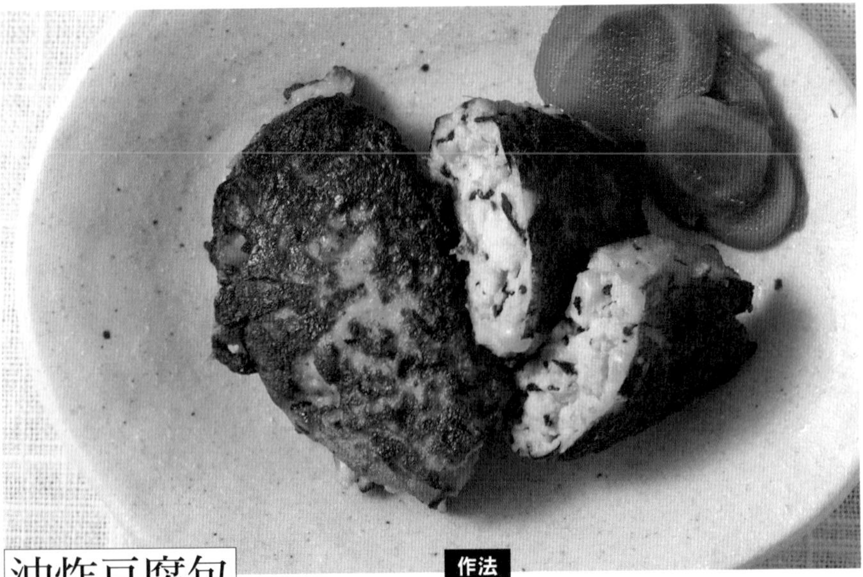

油炸豆腐包

外酥脆、內鬆軟
料多味美的手工製豆腐包

材料（4人份）

- 板豆腐……1塊
- 脫水羊栖菜芽……1大茶匙
- 曬乾的蘿蔔絲……10g
- 胡蘿蔔……適量
- 牛蒡……適量
- 山藥……5cm左右
- 玉米……適量
- 生薑……2片
- 味噌……1大茶匙
- 鹽……少許
- 太白粉……4大茶匙
- 糙米油……適量

作法

1. 將板豆腐瀝乾30分鐘左右。
2. 將曬乾的蘿蔔絲、胡蘿蔔、牛蒡、生薑切成碎末，與**1**和脫水的羊栖菜一起放進大碗裡，充分攪拌均勻。
3. 等到脫水的羊栖菜和曬乾的蘿蔔絲吸收了豆腐的水分，再加入磨成泥的山藥、直接削下來的生玉米粒、味噌、鹽、太白粉，攪拌均勻，捏成適當的大小，使其成形。
4. 在平底鍋裡倒入5mm左右的糙米油，加熱到170℃，煎到兩面都呈現淺淺的金黃色為止。

所有的炸物都用煎的

因為是很好的油，用太多的話會很浪費！無論是什麼樣的炸物，我都是用煎的。

JAPAN

昆布絲香菇湯

山珍海味令人暖心暖胃的一碗湯

材料（4人份）

- 昆布絲……適量
- 乾香菇……2朵
- 鴨兒芹……適量
- 醬油……1大茶匙
- 柴魚片……4小撮
- 水……400 cc（包含把乾香菇泡軟的水）
- 鹽……少許

作法

1. 把乾香菇泡軟以後切片，和泡香菇的水一起倒回鍋子裡，煮滾。煮滾以後再加入醬油，用鹽調味。
2. 把一小撮柴魚片和昆布絲放進碗裡，再把**1**倒進去，放上鴨兒芹。

特製醬汁

自製紅薑

光是用梅子醋醃漬就能變成漂亮的粉紅色

材料

- 嫩薑……適量
- 梅子醋……適量

作法

1. 將嫩薑切片，浸泡在梅子醋裡。

＊沒有梅子醋的話，可以用醋和鹽代替。

MEXICO 墨西哥

炭烤玉米薄餅與素食辣豆醬大盤菜

墨黑與原色的南美對比

黑色的食物實在很稀奇，而且與蔬菜的彩色相得益彰，在這種念頭下開始嘗試製作黑漆漆的玉米薄餅。這個顏色的真面目其實是炭粉，具有排毒效果，膳食纖維也很豐富，裡頭還有礦物質和鎂……是好得不得了的食材，沒道理不用！可以加到任何粉類裡。

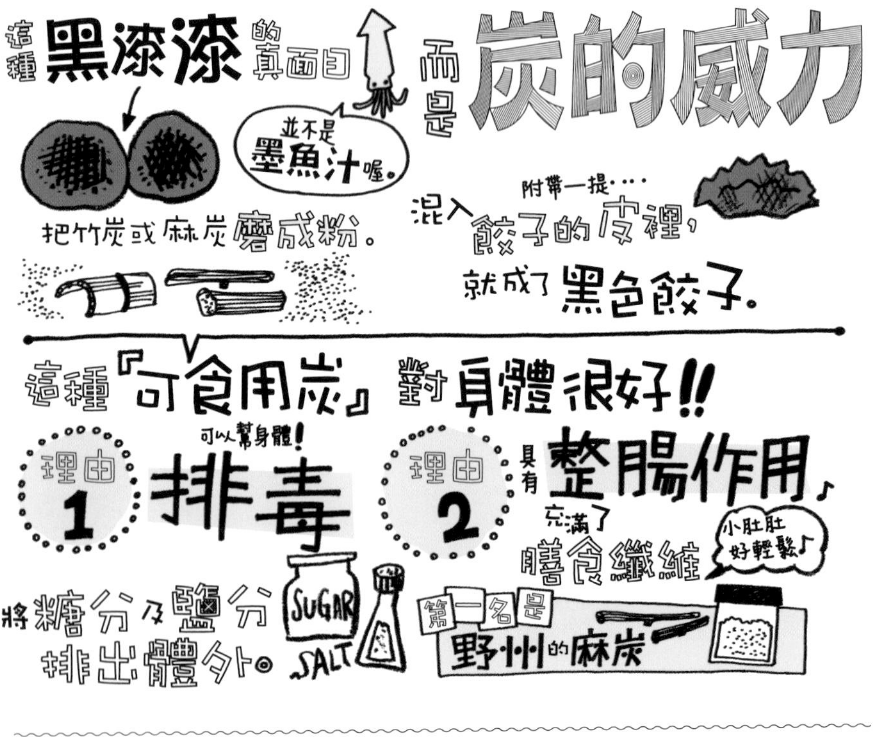
這種黑漆漆的真面目
並不是墨魚汁喔。
而是炭的威力
把竹炭或麻炭磨成粉。
附帶一提‥‥
混入餃子的皮裡，
就成了黑色餃子。
這種『可食用炭』對身體很好!!
理由1
可以幫身體!
排毒
將糖分及鹽分排出體外。
SUGAR
SALT
理由2
具有整腸作用♪
充滿了膳食纖維
小肚肚好輕鬆♪
第一名是
野州的麻炭

06

Menu

- 炭烤玉米薄餅
- 素食辣豆醬
- 萊姆醃沙拉
- 南瓜調味料
- 紫高麗菜與胡蘿蔔絲的沙拉

炭烤玉米薄餅

原色十分搶眼的黑色衝擊
也可以用水調成可麗餅狀

材料（4人份）

- 全麥麵粉……250g
- 糙米油……1大茶匙
- 熱水……150cc
- 鹽……1小茶匙
- 竹炭粉……2大茶匙

作法

1. 倒入所有的材料，用筷子攪拌到大致凝固的程度。用手充分揉捏，直到光滑柔軟得像耳垂一樣，再用保鮮膜包起來，靜置30分鐘左右。

2. 將麵糰分成8等分，揉成圓形，灑上乾麵粉，擀成薄片，用平底鍋兩面煎。煎到麵糰膨脹起來以後，再用鍋鏟輕輕地按壓，把空氣壓出來。

不妨以耳垂做為柔軟度的標準

懶得用手擀麵、醒麵的時候，也可以多加一點水，烤成可麗餅狀。

素食辣豆醬

墨西哥最具有代表性的
國民美食，用愛吃的豆子來做

材料（4人份）

- 大紅豆……1杯
- 杏鮑菇（可以的話先晾一天）……3根
- 洋蔥……2個
- 芹菜……2根
- 胡蘿蔔……1根
- 青椒……4個
- 蕃茄……4個
- 大蒜……3瓣份
- 橄欖油……5大茶匙
- 甜椒粉……2大茶匙
- 牛至草香辛料……1小茶匙
- 味噌……1大茶匙
- 鹽……適量
- 胡椒……適量
- 太白粉（以同量的水溶解）……適量
- 小茴香籽……有的話不到1小茶匙
- 芫荽籽……有的話1小茶匙
- 辣椒粉……少許

作法

1. 稍微把大紅豆洗乾淨，泡水24小時（蓋上蓋子之類的，保持陰暗）使其發芽。泡水後，再稍微洗一下豆子，加入少許鹽，加水蓋過豆子，撈掉渣滓，再加滿水，煮20分鐘左右，把豆子煮軟。

2. 把杏鮑菇切成1cm的小丁，風乾一天備用。再把洋蔥、芹菜、胡蘿蔔、青椒、蕃茄全都剁碎，把大蒜切成碎末。

3. 將大蒜和橄欖油倒進鍋子裡，用中火慢慢地把香味炒到油裡，加入**2**和少許鹽，充分攪拌均勻。蓋上鍋蓋，燜10分鐘左右，再打開蓋子，繼續加熱15分鐘左右。

4. 加入**1**的豆子和甜椒粉、牛至草香辛料、芫荽籽、辣椒粉、小茴香籽、味噌、鹽、胡椒調味，加熱10分鐘左右，讓味道融合。水分太多的話可用太白粉水勾芡。

＊鹹味會因為味噌及鹽的種類而異，請先加入味噌，再用鹽巴調味。

浸泡24小時，打開發芽的開關！

除了豆子的美味以外，有晾乾的杏鮑菇和味噌就足夠濃郁了。只要能讓豆子發芽，什麼豆子都可以。

萊姆醃沙拉

清脆爽口的口感很有趣的
新鮮醃漬食品

材料（4 人份）

- 紫色洋蔥……1/2個
- 甜椒……1小個
- 芹菜……1根
- 小黃瓜……1根
- 蕃茄……1大個
- 酪梨……1個
- 萊姆……2個
- 香菜……40g
- 鹽……少許

① Point!

所謂萊姆醃沙拉，指的是在墨西哥及秘魯經常可以吃到的醃海鮮。因此，這裡也可以加入海鮮。

作法

1. 把紫色洋蔥切成碎末，再把香菜撕成適當的大小，將萊姆以外的材料全都切成1cm的小丁。

2. 倒入所有的材料，把萊姆汁擠進去，用鹽調成自己喜歡的酸味、鹹度。

南瓜調味料

直接沿用南瓜
鬆鬆軟軟的甜味

材料

- 南瓜……500g
- 大蒜……少許
- 小茴香籽……1小茶匙（隨意）
- 芝麻醬……3大茶匙
- 鹽……2小茶匙
- 橄欖油……1大茶匙
- 豆漿……適量

作法

1. 把南瓜切成適當的大小，削皮蒸熟備用。
2. 把所有的材料丟進食物調理機裡，打成泥狀。不夠細緻的時候，可以用豆漿調整軟綿的程度。

紫高麗菜與胡蘿蔔絲的沙拉

在平常的作法裡加入
紫色的變化

材料（4人份）

- 紫高麗菜……3片
- 胡蘿蔔（可以的話先晾一天）……1根
- 柳橙……1個
- 生堅果（泡過水）……5粒
- 檸檬汁……1個份
- 小茴香……1小撮
- 鹽……少許
- 橄欖油……少許

作法

1. 把一半的柳橙果肉挖出來，撥散備用。
2. 將胡蘿蔔和紫高麗菜切成細絲，把剩下的柳橙和檸檬擠成汁，用上述的果汁和小茴香、堅果醃漬胡蘿蔔和紫高麗菜絲，再以橄欖油調味。

KOREA 韓國

黏黏的
蔬菜拌飯
大盤菜

不用煮熟，直接攝取蔬菜的酵素

我們的身體不可或缺的酵素，會被46℃以上的熱殺死。因此，我想做出能攝取到大量酵素的料理。從這種想法應運而生的，便是Raw（非加熱）的蔬菜拌飯。再加上納豆＆秋葵這種黏黏滑滑的食材，還可以強化黏膜及黏液。是身體會很高興的菜色。

這次的韓式拌飯又稱…
酵素韓式拌飯
有很多生機食物♪
《胡蘿蔔》《紫高麗菜》《秋葵》《日本油菜》
此外還有豆腐、蘿蔔、羊栖菜、淮山、納豆等等，料多味美!!
秋葵 納豆 山藥…
尤以黏黏滑滑的真相──黏蛋白
能強化 黏膜 黏液
{抗菌&免疫力UP}
仔仔細細地 用手攪拌 把美味 攪出來!!
常在菌 MIX!!

07

Menu

- 黏黏滑滑的韓式蔬菜拌飯
- 炸烤麩
- 佐料醬
- 韭菜金針菇煎餅

黏黏滑滑的
韓式蔬菜拌飯

清清爽爽、酥酥脆脆
可以享受到多重奏的口感

5. **〈韓式涼拌胡蘿蔔〉**
將胡蘿蔔切成細絲，在生的狀態下灑一點鹽，輕輕揉搓15分鐘左右，讓胡蘿蔔變軟。再把釋出的水分擰乾，用生薑、荏胡麻油調味。

6. **〈秋葵拌納豆〉**
把生秋葵切成小丁，與納豆充分攪拌均勻，再用大蒜、生薑、荏胡麻油、味醂、醬油麴調味。

灑鹽，揉搓15分鐘！

稍微用鹽抓一下蔬菜，靜置一段時間，滲透壓就會讓水分從蔬菜的內部跑出來，會變成有如煮過的口感。

材料（4人份）

〈韓國風豆腐鬆〉

- 豆腐鴻禧菇鬆（P65）……100g
- 五香粉……少許
- 豆瓣醬……適量

〈韓式涼拌羊栖菜〉

- 脫水羊栖菜……25g
- 醬油……1大茶匙
- 味醂……2大茶匙
- 薑末……1小茶匙
- 醋……少許
- 荏胡麻油……少許

〈韓式涼拌紫高麗菜〉

- 紫高麗菜……2片
- 薑末……2小茶匙
- 荏胡麻油……2小茶匙
- 鹽……適量

〈韓式涼拌小松菜〉

- 小松菜（可以的話先晾一天）……4把
- 薑末……不到1大茶匙
- 荏胡麻油……3小茶匙
- 鹽……適量

〈韓式涼拌胡蘿蔔〉

- 胡蘿蔔（可以的話先晾一天）……1/2根
- 薑末……2小茶匙
- 荏胡麻油……2小茶匙
- 鹽……適量

〈秋葵拌納豆〉

- 秋葵……4根
- 納豆……2盒
- 蒜泥……少許
- 生薑……適量
- 荏胡麻油……適量
- 醬油麴（或者是醬油）……適量

作法

1. **〈韓國風豆腐鬆〉**
在P65介紹過的豆腐鴻禧菇鬆裡加入五香粉和豆瓣醬，混和攪拌均勻。

2. **〈韓式涼拌羊栖菜〉**
用大量的水浸泡脫水羊栖菜20分鐘，徹底把水瀝乾。用醬油、味醂、生薑、醋調味，再以荏胡麻油拌勻。

3. **〈韓式涼拌紫高麗菜〉**
將紫高麗菜切成細絲，在生的狀態下灑一點鹽，輕輕揉搓15分鐘左右，讓高麗菜變軟。再把釋出的水分擰乾，用生薑、荏胡麻油調味。

4. **〈韓式涼拌小松菜〉**
將小松菜切成3cm寬，在生的狀態下灑一點鹽，輕輕揉搓15分鐘左右，讓小松菜變軟。再把釋出的水分擰乾，用生薑、荏胡麻油調味。

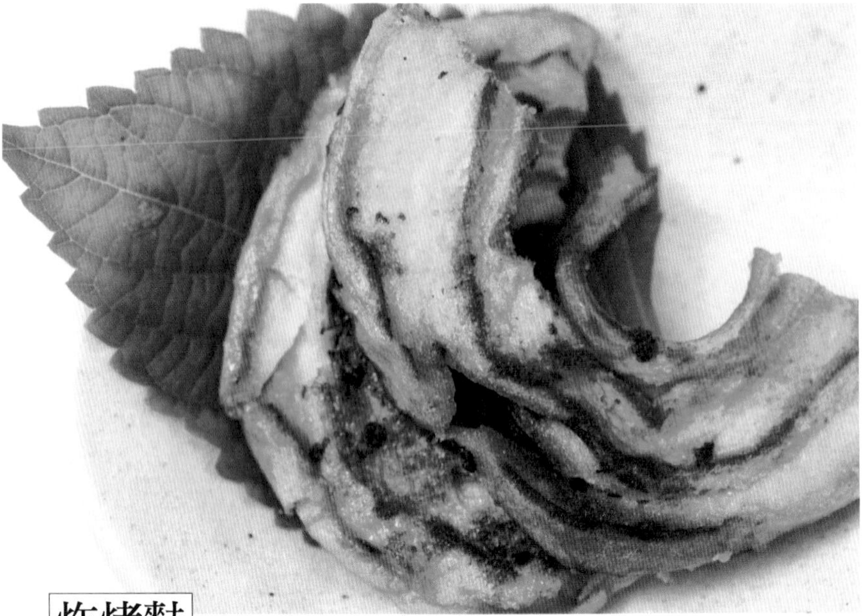

炸烤麩

醬油麴的味道
非常下飯！

用糙米油煎成
金黃色！

儲糧用的烤麩可以有各式各樣的吃法。用椰子油煎成脆硬麵包風，或浸泡到豆漿和蛋裡做成法國吐司風。也可以做成甜食。

材料（4人份）

- 烤麩……4個
- 薑末……2片份
- 蒜泥……1瓣份
- 五香粉……少許
- 醬油麴（或者是醬油）……5大茶匙
- 味醂……5大茶匙
- 太白粉……適量
- 糙米油……適量

作法

1. 用大量的水把烤麩泡軟，擰乾，以薑末和蒜泥、五香粉、醬油麴、味醂調味。

2. 把太白粉灑在**1**上，將多一點的糙米油加熱到170℃，用煎的方式油炸。

佐料醬

特製醬汁

從體內乾淨出來！
是具有螯合作用的醬汁

材料

- 韭菜……4根
- 珠蔥……4根
- 生薑……2片
- 蒜泥……少許
- 魚露（或者是醬油）……3大茶匙
- 黑醋……2大茶匙以上
- 味醂……2大茶匙
- 生辣椒……隨意

作法

1. 將韭菜、珠蔥、生薑切成碎末，與蒜泥、魚露、黑醋、味醂、生辣椒混合攪拌均勻。

韭菜金針菇煎餅

用馬鈴薯整合成
鬆鬆軟軟的素煎餅

材料（4人份）

- 韭菜……1/2根
- 金針菇……1把
- 馬鈴薯……1個
- 白胡椒……少許
- 鹽……少許
- 太白粉……4大茶匙
- 麻油……適量
- 佐料醬……適量

作法

1. 將韭菜與金針菇切成2cm寬。
2. 把馬鈴薯磨成泥，和白胡椒、鹽、太白粉加到**1**裡，以仔細揉捏的方式攪拌均勻。
3. 用平底鍋加熱麻油，倒入**2**，煎到呈現金黃色。
4. 沾佐料醬來吃。

長長的衝擊！車前草甜點

在烹飪教室裡，幾乎每次都會登場的是車前草甜點。曾經有一段時間被當成能在肚子裡膨脹三十倍的減肥聖品（雖然是溶於水直接喝！這種強人所難的方法……）而受到矚目，所以應該有人已經知道了吧。

車前草是生長在日本各地的雜草，富含維生素及礦物質、鈣質、膳食纖維。會讓人對第二天的排便充滿期待，真的是很優秀的食材。我想用這種食材來做些什麼，把粉末用水溶解加熱之後，變成像史萊姆那樣的怪物！這種衝擊非常有趣，所以我就試著調味。試過各種組合之後，車前草甜點便誕生了。

加熱成果凍狀
直接溶解則是慕斯狀

車前草加熱、不加熱各有不同的口感。先加熱再放涼，會變成像蒟蒻一樣，具有彈性的果凍狀。不加熱，將粉末溶解攪拌的話，則是鬆軟輕盈的慕斯狀。車前草本身沒有味道，所以只要改變加進去的東西，還可以做成咖啡凍或杏仁豆腐。大致上的比例為10g的粉末對300cc的液體。

以粉狀的方式販賣！

Natural Life Foods
STEAM TREATED
ORGANIC
WHOLE
PSYLLIUM HUSK
NET WT 12 OZ (340 g)

這是特別推薦的粉末。
有機車前草粉〈Natural Life Foods JAPAN〉

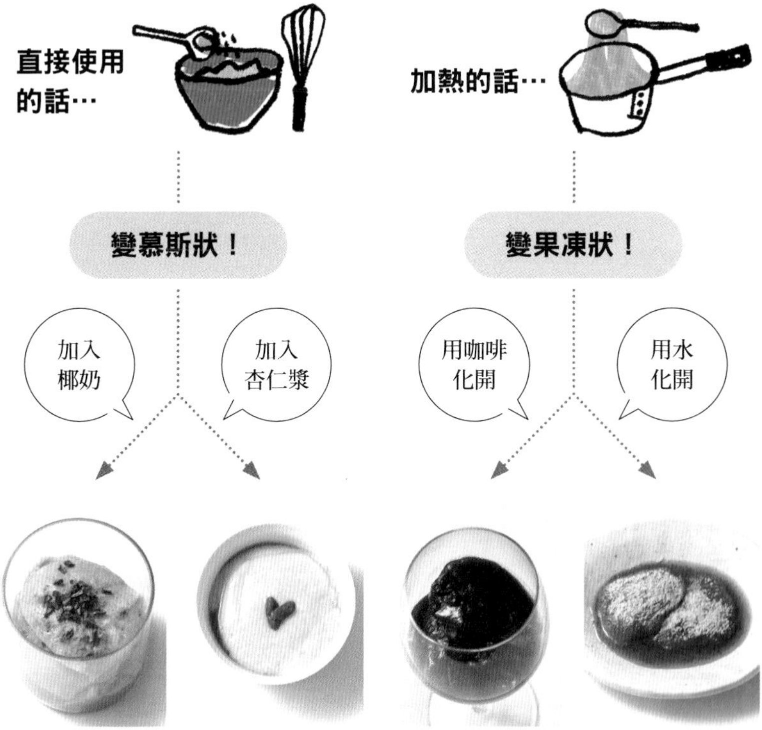
直接使用的話…
加熱的話…
變慕斯狀！
變果凍狀！
加入椰奶
加入杏仁漿
用咖啡化開
用水化開

· 椰奶布丁　· 杏仁豆腐　· 咖啡凍　· 蕨餅風

車前草蕨餅

將滑溜溜、在口中跳舞的
獨特口感
做成日式甜點來享用

材料

- 車前草……10g
- 水……300cc
- 黃豆粉……適量
- 鹽……少許
- 楓糖漿等等……適量

作法

1. 把車前草和水倒進鍋子裡，徹底溶解之後，再用小火煮到完全不結塊的狀態。

2. 煮到出現黏性以後，裝進容器裡，放涼，再放進冰箱裡，使其冷卻凝固。

3. 切成方便食用的大小，灑上黃豆粉、鹽、楓糖漿等等。

＊最後再加一點點鹽，可以更甜味更有深度，變成成熟的風味。

車前草咖啡凍

比吉利丁還簡單！
請視個人口味添加奶精

材料

- 車前草……8g
- 咖啡……300cc
- 楓糖漿……隨意
- 豆漿（也可以用椰奶）……隨意

作法

1. 把車前草和放涼的咖啡倒進鍋子裡，徹底溶解之後，再用小火煮到完全不結塊的狀態。

2. 煮到出現黏性以後，裝進容器裡，放涼，再放進冰箱裡，使其冷卻凝固。

3. 淋上豆漿、楓糖漿。

車前草
杏仁豆腐

在口中柔順地化開
乳白色的中式甜點

材料

- 車前草……8g
- 杏仁漿……300cc
- 枸杞……10粒
- 杏仁香甜酒……5大茶匙
- 楓糖漿等等……隨意

作法

1. 用杏仁香甜酒（份量外）把枸杞泡軟。
2. 把車前草和杏仁漿、杏仁香甜酒倒進鍋子裡，徹底溶解之後，再用小火煮到完全不結塊的狀態。
3. 煮到出現黏性以後，裝進容器裡，放涼，再放進冰箱裡，使其冷卻凝固。
4. 把**3**切成便於食用的大小，再灑上**1**，淋上楓糖漿等等。

車前草椰奶布丁 with 火龍果

加入火龍果製造出
栩栩如繪的視覺效果
這就是火龍果！♡

這是
火龍果

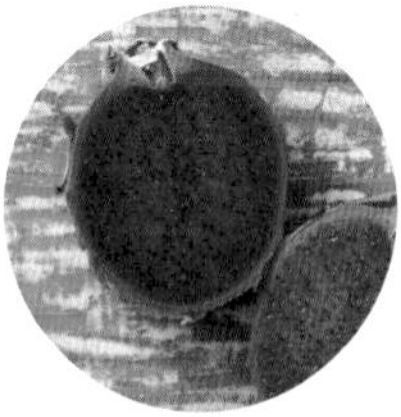

簡單版的
椰奶布丁

不用火龍果，灑上熟可可粒或肉桂也很美味。

材料

〈材料A〉

- 車前草……10g
- 紅色火龍果……1個
- 豆漿……150cc
- 椰奶……150cc
- 香蕉……2根
- 蘭姆酒漬葡萄＆椰棗（P99）……隨意
- 楓糖漿……隨意

作法

1. 把 **〈材料A〉** 用果汁機打成糊狀，裝進容器，再放進冰箱裡，使其冷卻凝固。

2. 切成便於食用的大小，淋上楓糖漿。

Welcome to NANA Marché

歡迎來到奈奈的市集

對身體好又美味的食材在奈奈流食譜裡是不可或缺的！
以下為大家介紹從日本各地網羅回來的十種商品。

用途琳瑯滿目！
複合式的椰奶

無添加椰奶

用在燉煮料理和甜點裡。也可以用來製作上一頁的椰奶布丁。
280日圓〈INTER FRESH〉

這是國產的
有機醬油

御用藏生醬油

珍藏的風味十分圓潤。使用了神泉的名水等等，對水十分講究。
500ml　900 日圓〈雅媽吉〉

釀醋300年！
老字號名店

有機糙米黑醋

使用了有機栽培的日產糙米，以傳統製法釀造的黑醋。
720ml　2800日圓〈庄分酢〉

宛如爆炸般的
麴菌威力

自然栽培糙米麴

用自家採種菌將笹錦米做成麴。其活力足以讓自製味噌大爆炸（P95）。
1kg　1728日圓〈丸川味噌〉

粒粒分明的芥末粒！

黃芥子

在P60為大家介紹使用了這個的Raw（非加熱）芥末醬作法。
360日圓〈ALISHAN〉

天然的無酒精啤酒

龍馬 1865

對身體很好的無酒精啤酒。以百分之百的德國麥芽釀造，是道地的德國風味。
350ml　120日圓〈日本啤酒〉

又甜又可口！有機楓糖

有機楓糖漿 No.2 琥珀

加拿大魁北克州產的濃郁糖漿。用來淋在車前草甜點上。
2945日圓〈NATURAL KITCHEN〉

粉紅色的飲料太可愛了

有機的洛神茶（洛神花茶）

P57的粉紅色飲料就是這個。洛神茶＝洛神花的花草茶。
50g　1200日圓（PURE La BALI）

維生素與礦物質的寶庫

EcoMil 杏仁漿 原味（無糖）

沒有怪味道，很容易入口！也可以用在P84的車前草杏仁豆腐上。
980日圓〈Prema〉

可以洗掉農藥的帆立貝威力

帆立貝貝殼燃燒粉 02

雖然不是食材，但還是大力推薦！可以洗掉農藥的蔬菜用洗潔精。
1kg　2400日圓〈故鄉物產〉

Column 1

小專欄

過敏與品種

我從小就飽受過敏的折磨。米、大豆、花生、蕎麥和四季豆。我已經發生過幾十次的過敏性休克，真是苦不堪言，一直在思考要怎麼才能治好。

在追究為什麼？為何？的過程中，發現會讓我產生過敏反應的是「品種」。也知道我會對反覆進行品種改良的作物產生排斥反應。

相反地，品種改良前的作物比較適合我。也就是構造比較簡單的品種，稱為固定種或在來種。

這個發現真的很重大，從此以後我開始嘗試食用在來種的作物，身體狀態有戲劇化的好轉。從此不再過敏，感覺非常舒適。

烹飪教室裡也有很多深受過敏所苦的人。我想把以自身的經驗為出發點學到的作物和身體的知識傳授給這些人知道，所以就成了示範教學型態的烹飪教室。

Chapter

2

享受育菌之樂的美味裝罐料理

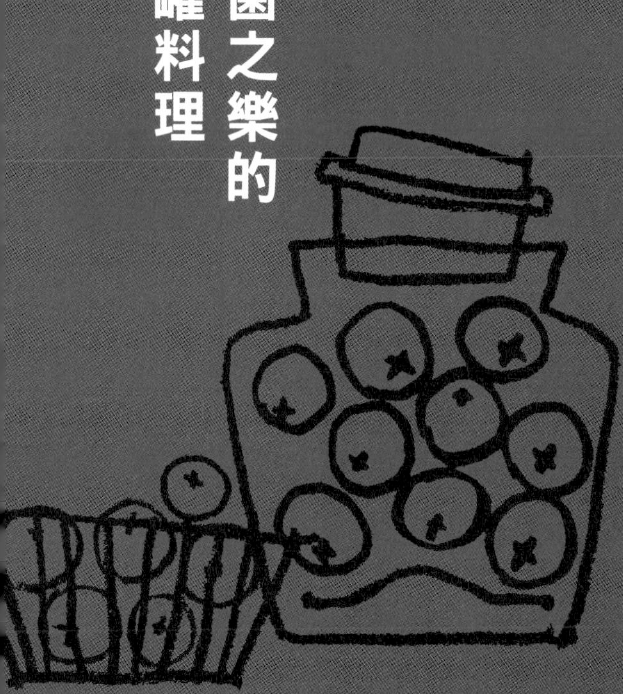

〈上〉也可以在都會裡製作醃梅乾。
〈右〉多到都快要沒有地方可以放了。真希望能有個發酵專用的倉庫！

Cultivation Life

1 與菌和睦共處的育菌生活

瓶瓶罐罐幾乎都要把櫃子的空隙塞滿了，地板上還擺著水桶。我們家的廚房就是這副德性。

瓶子裡的東西是豆瓣醬、酵素果汁、紅薑、鹹檸檬，水桶裡則是味噌、醬油麴、醃梅乾、米糠醬菜……等等，族繁不及備載，全都是手工製作的。

話雖如此，我並不是刻意愈做愈多，全都是在類似「買到很棒的辣椒，來做豆瓣醬吧！」或是「把這個和那個混合在一起可能會很好吃？」這種每天的靈機一動下自然誕生的產物。各種菌都在容器裡進行發酵。時不時地打開蓋子，觀察裡頭的狀態也很開心。健康嗎？有沒有不聽話的小孩（壞掉的小孩）呢？（笑）簡直就像是在守護親生小孩似地守護菌的成長。

〈右&左上〉很多人都是因為製作味噌才開始迷上製作發酵食品的。
〈左下〉不停改變姿態的「連續八年加料味噌」。

Cultivation Life

2

在培育的過程中感受發酵的樂趣

為什麼要做這麼多的發酵食品呢？那是因為製作本身很有趣。看到噗哧噗哧發酵的過程也會很開心，而且調味料是會陪我們很久很久的廚房小幫手。拜這些『瓶瓶罐罐』所賜，料理的味道、做菜的動力都會提升不只一個檔次。

光是味噌就有好幾桶。最長壽的「連續八年加料味噌」是做豆類料理有剩下的時候，就把多出來的豆子和煮豆子的水、麴、鹽加進去的味噌。因此，每天的味道都不一樣。因為還很新的豆子和熟成的豆子全都共冶一爐，所以味道會起伏不定，但是這種起伏不定的味道也很美味。在烹飪教室裡，我會教大家這種味噌的基本作法。我很期待看到大家露出興奮雀躍的表情，彷彿做實驗地製作味噌。

即使不想有味噌的味道，也可以加入一匙，
就會變得很濃郁。不搗碎直接放進去的豆子
也可以用來當成下酒菜。

Cultivation Life

3

用各種豆類製作「自家製味噌」

大豆、黑豆、蠶豆、紅豆、鷹嘴豆、花豆……種類琳瑯滿目，常有人問我：「哪種豆子適合做為味噌的材料呢？」我都會回答：「全部！」因為所有的味道都不一樣，都很好吃。同樣地，問我「何時好吃」的問題時，我也總回答「隨時都好吃！」發酵時間比較短的味噌還殘留著豆子的形狀，十分美味，發酵久一點的味噌則會產生多層次的風味。因為味噌並不是只有用來煮味噌湯的味噌，可以有各種形狀和味道。

只不過，在製作這種自由自在的味噌時，只有一個重點，那就是製作時期以一月到三月為最好的時機。因為菌會在寒冷中慢慢長大，正是不想出門的冬天，最適合在屋子裡製作味噌。

DAY 1
第一天

1. 洗淨

把附著在豆子表面的灰塵及污垢徹底地洗乾淨。

2. 泡水

浸泡在份量大約是豆子3倍的水裡，放在陰暗的地方，靜置24小時以促使其發芽。這麼一來，豆子會膨脹到大約2～3倍的大小。

早晚都要換水！

DAY 2
第二天

3. 熬煮

等到泡水24小時以上，再來

Cultivation Life

4 初學者也能輕鬆做的手工味噌

以下將要公開我在烹飪教室裡傳授的奈奈味噌獨家作法。藉由加入大量的鹽，即使是外行人，也能順利發酵，不至於腐敗，簡單地做出自製味噌。

進行到上述的步驟〈6〉之後，將水桶放置於常溫下。一個月後，再把上下調換過來地攪拌均勻。然後以每隔2～3天一次的頻率繼續攪拌均勻。從製作的當天起就可以吃了，但是經歷過一個夏天，讓發酵持續進行，風味將會更有層次。

材料

- 豆（大豆也好、鷹嘴豆也罷，什麼都可以）……1kg
- 糙米麴（或者是米麴）……1kg
- 鹽……400g
- 煮豆子的水（請不要丟掉留下來備用）……適量

煮豆子。一開始用大火，煮滾後轉成小火煮3小時。請用蓋過豆子的水慢慢煮。

4. 把豆子碾碎

用手指按壓豆子，只要能碾碎就表示好了。放涼到接近體溫，裝進密封袋裡，搗成泥狀。煮豆子的水要留下來備用。

5. 加入麴菌

把麴和鹽裝進大碗裡，充分攪拌均勻。再一點一滴地加入豆子泥和煮豆子的水，繼續攪拌均勻。我喜歡稀一點，所以會讓湯汁多一點。要讓湯汁多一點的時候，只要事先在煮豆子的水裡加鹽（份量外），讓鹽分濃度保持在35%左右就行了。

6. 裝進密封容器裡保存

為了不讓空氣跑進去，要邊從上面壓緊，再塞進桶子裡。

有天聽見『砰！』的一聲，跑過來一看，就變成這樣了……麴正精神抖擻地發酵。所以裝進桶子裡的量請控制在7～8分滿。

塞完以後再把表面抹平，繼續在上頭灑鹽（份量外）。

完全密閉！

只要用活力十足酵素桶，就不會失敗！

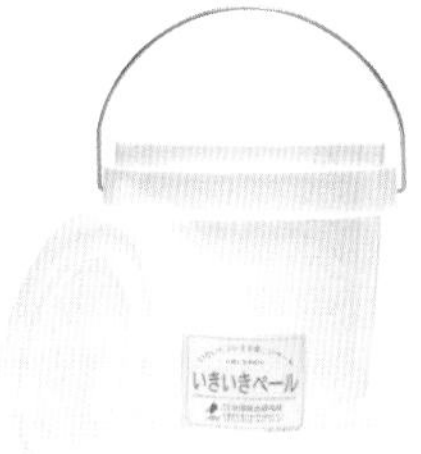

這是我用來釀造的好幫手「活力十足酵素桶」。發酵的效果很好，非常不可思議。可依不同的大小來運用。〈ecot〉

Cultivation Life

5

只要攪拌就好！醬油麴的作法

製作醬油麴也是烹飪教室裡的熱門課程。跟味噌一樣，大家可能會覺得很難，但是在做的時候，大家都會說「什麼嘛，只要這樣就好啦！」最容易發酵的溫度為20～40℃，只要遵守鹽分濃度佔麴達35％以上的原則，就不會腐敗。只要攪拌好放著就可以了，作法很簡單。

材料

- 米麴……500g
- 醬油……400ml
- 水煮豆子（含煮豆子的水）……100g
- 鹽……35g
- 昆布……10cm小丁

作法

1. 將米麴與鹽充分攪拌均勻。
2. 把醬油和水煮豆子加到**1**裡，充分攪拌均勻。
3. 以常溫保存，每天攪拌一次。大約10～14天，等到麴變軟就大功告成了。

現在的育菌重點

今天也健康成長的發酵五兄弟。
每天都會發出噗哧噗哧的聲音，是很可愛的孩子們。

・醬油麴

風味介於醬油與高湯之間。由於加入了昆布，風味會變得更加濃郁。

・大蒜鹽麴

想吃重口味的食物時，大蒜鹽麴是最理想的選擇！強烈的味道令人難以抗拒。

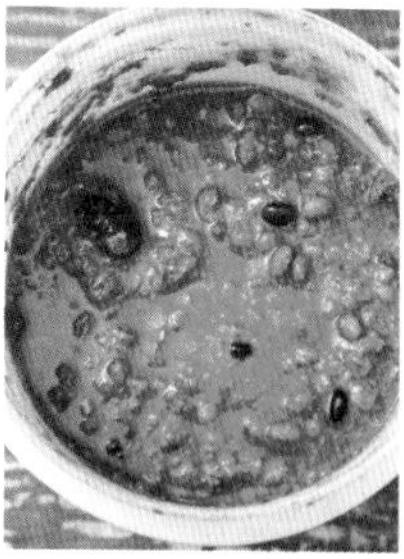

・連續八年加料味噌

八年來每次煮豆子的時候就加一點。充滿了獨門醬料的感覺。只要是豆子，什麼都可以加進去。濃郁的口感不輸肉類。

・豆瓣醬

把生辣椒切成碎末，加到手工做的味噌裡，攪拌均匀，和味噌一起發酵後，就成了豆瓣醬。

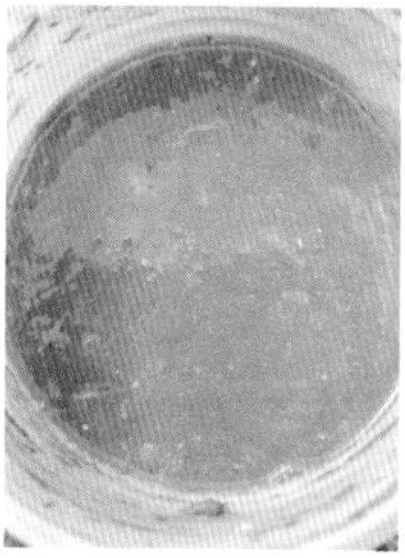

・柿子醋

用水把去皮的柿子釀成醋！不過水分比較多，所以很容易腐敗。適合高手製作。

用言語的力量來增添美味

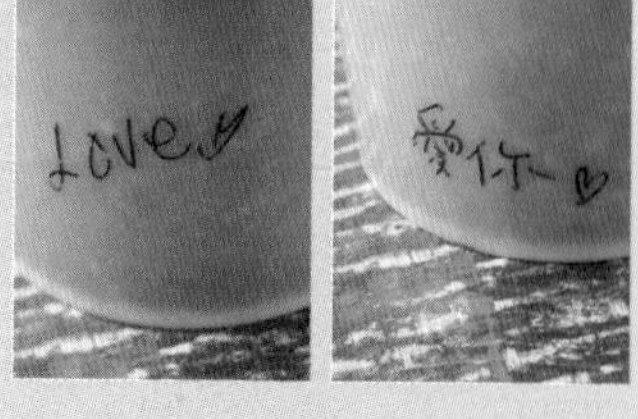

讓東西變得更好吃的魔法。用簽字筆在水桶上寫下愛的箴言。

男人也很喜歡的大蒜鹽麴。想讓食物散發出更濃郁大蒜風味的人，請依個人口味加進去試試。

Cultivation Life

6

鹽麴＋大蒜是天作之合

大蒜鹽麴是與連續八年加料味噌和醬油麴齊名的標準調味料。即使是素菜，也可以輕鬆地做出有如加了肉和油的美味料理。

作法也非常簡單。只要把醬油麴食譜的醬油部分拿掉，補上鹽，讓鹽分濃度佔麴達35％以上，再依個人喜好加入大蒜的份量即可。基本上，我會把五顆大蒜磨成泥加進去，但是也可以加入切片、壓扁、或者是一整顆大蒜，都很好吃。

把大蒜鹽麴的大蒜部分換成生薑的「生薑鹽麴」也令人難以抗拒。換成生薑的時候，可以磨成薑泥，也可以切成碎末，總之是要加入一大堆。感覺就像「可食用辣油」那樣，「可以吃的生薑鹽麴」也可以當成佐料醬來運用。

右邊的大蒜鹽麴和蘭姆酒漬果乾的風味也十分對味！將兩者混合在一起，就成了甜甜鹹鹹的特濃醬汁。

Cultivation Life

7 將果乾放進蘭姆酒裡保存

蘭姆酒漬果乾是可以與製作味噌等育菌同時進行，做了好幾年的裝罐美食。我最喜歡果乾了，但是經常會吃不完剩下來。像這種時候，就可以把剩下的果乾放進蘭姆酒裡。與豆子一樣，加入各式各樣的果乾，讓味道融合會更好吃，所以不妨大膽地把葡萄乾、椰棗、柿子乾等加進去。等到熟成以後，會好吃得不得了！可以一整個直接吃，也可以和其他味道的果乾一起搗碎來吃。還可以加到甜點裡，做成成熟的風味。或者是使用在想要把肉煎得甜甜鹹鹹的時候。

沒有蘭姆酒的話，可以用威士忌來代替。由於浸泡在酒裡，是可以放很久的戰備儲糧。

CHERRY BLOSSOM

用透明的瓶子來醃漬的話，就可以看得到漂亮的白色和粉紅色。櫻花和鹽的比例很恰當。不過，為了不讓內容物腐敗，請比照左上圖的照片，裝進滿滿的鹽巴。

四月是八重櫻的季節

一到了賞花的季節，就是『醃漬八重櫻』的時期。作法簡單到不曉得能否以『醃漬』來形容，但是卻具有衝擊的美味。

只要把八重櫻的花瓣洗乾淨，再把水瀝乾，用鹽醃漬即可。等到櫻花樹抽出葉片的時候，再把葉子洗乾淨，放入同一個瓶子。家裡有櫻花樹的朋友每年都會分我一些花瓣和葉子。

加鹽就成了具有櫻花風味的櫻花鹽，只要把花放在水上，就成了賞心悅目的鹽分補給飲料。用葉子來包飯糰非常可口。

PLUM FRUIT

挑掉受傷的果實，一層梅子、一層鹽地依序裝進去。鹽要多到可以堆在桶子底部。「活力十足酵素桶」在這裡也能派上用場！

六月是梅子的季節

處理好八重櫻之後，接下來在初夏的艷陽下，就要開始『醃漬梅子』了。

可能有很多人會覺得醃梅子是件很困難的事，但是和八重櫻其實沒什麼差別。用水沖洗梅子2～3小時以後，再用牙籤剔除果蒂，把水分瀝乾，以鹽醃漬，等到梅雨季節過去，再拿出來曬太陽，就這樣而已。對於曬乾這件事，也無需感覺到壓力，我都是每次要吃的時候，才裝在盤子裡，放在陽台上曬太陽。無論醃漬的期間或曬乾的時間，全憑當時的心情。也可以不要曬乾，享用多汁的『醃梅子』。

製作醃梅乾的重點在於鹽的份量

近年來吹起一股減鹽的風潮，但是減少鹽分可能會提早腐敗，所以我還是遵循古老的作法，加入大把大把的鹽。只要讓鹽分濃度保持在20％以上，就能保存１００年以上。覺得太鹹的時候，只要在吃之前沖一下水，去除鹽分，就能調整成自己喜歡的鹹度。

PLUM FRUIT

將紅紫蘇做成「紫蘇乾」用梅子醋來醃漬「紅薑」

用鹽醃漬，會逐漸產生水分＝梅子醋。這時再加入紅紫蘇，就能做成紅色的醃梅子。由於梅子醋也會變成深粉紅色，非常好看，所以我一定會加入紅紫蘇！用梅子醋來醃漬生薑，可以做成紅薑，也可以把紅紫蘇曬乾，做成紫蘇乾，發展出各式各樣的變化。

光是一種梅子就有六種吃法
千變萬化的梅子饗宴

試著用鹽以外的東西來醃漬梅子。
試著連同梅子把紅紫蘇曬乾。
藉由『順便』來製造出各式各樣的變化，是醃漬梅子的樂趣。

・梅酒

只要把梅子洗乾淨，剔除蒂頭，浸泡在味醂裡即可。當然也用不著砂糖。可以在任何想喝的時候喝。

・醃梅乾

如果可以充分曬乾，就曬久一點，想吃多汁的醃梅乾時，也可以直接吃，不用再曬乾。

・梅子醬油

與梅酒相同，只要浸泡在醬油裡即可。我都用鹽和手工製的醬油麴來醃漬。用來代替柑橘醋。

・紫蘇乾

曬乾梅子的時候，也順便把紅紫蘇曬乾。可以直接拿來吃，也可以用研磨器搗碎，做成紫蘇鬆。

・梅子醋

用鹽和紅紫蘇醃漬的時候產生的深粉紅色汁液。用這個來醃漬蔬菜，就成了漂亮的櫻花色醬菜。

・梅子鹽

把梅子醋舀到盤子，曬乾後就會成為粉紅色的梅子鹽。加一點在白色蔬菜或豆腐上，看起來就很美味。

終於來到田裡
做裝罐料理了

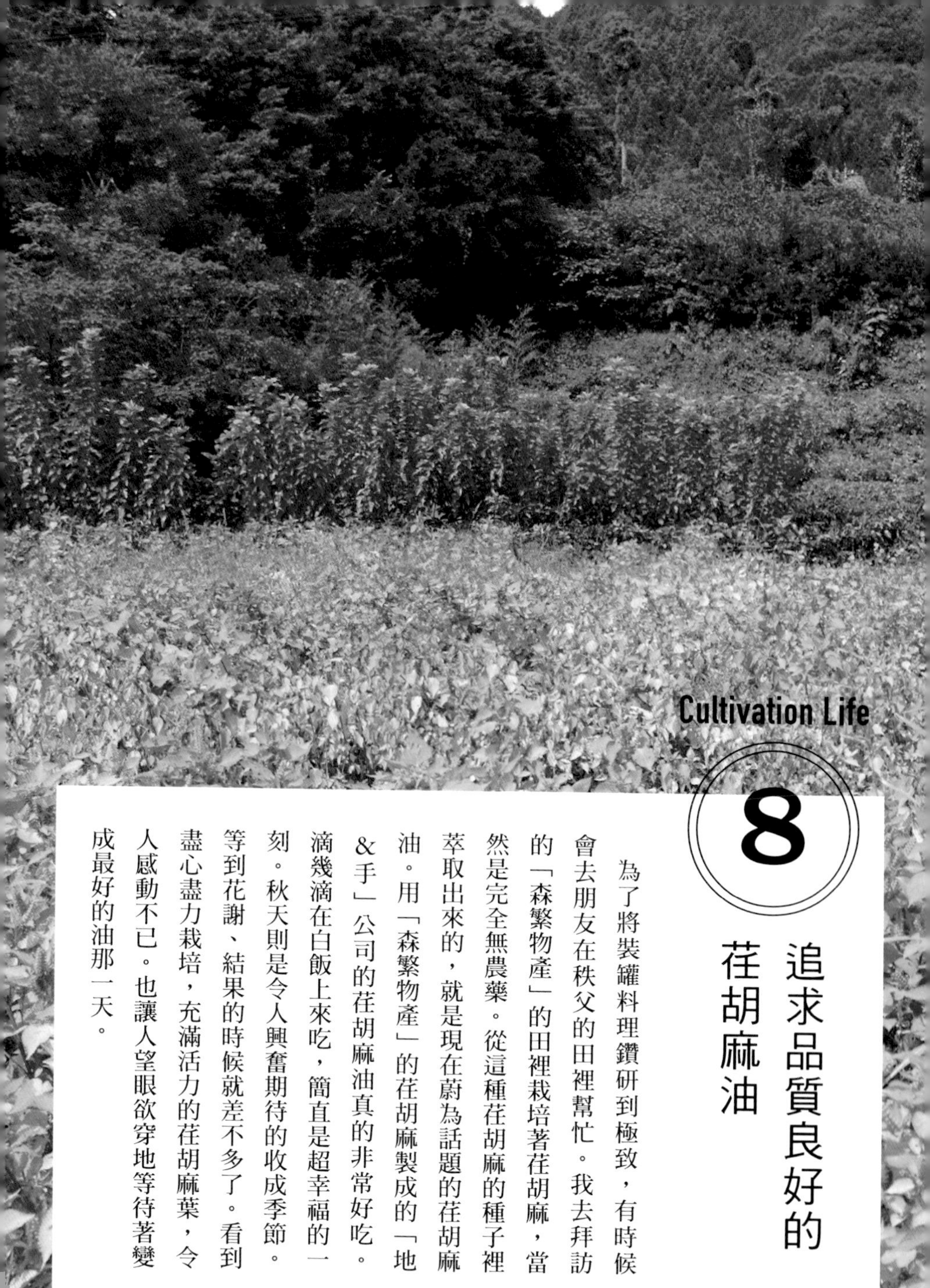

Cultivation Life

8 追求品質良好的荏胡麻油

為了將裝罐料理鑽研到極致，有時候會去朋友在秩父的田裡幫忙。我去拜訪的「森繁物產」的田裡栽培著荏胡麻，當然是完全無農藥。從這種荏胡麻的種子裡萃取出來的，就是現在蔚為話題的荏胡麻油。用「森繁物產」的荏胡麻製成的「地&手」公司的荏胡麻油真的非常好吃。滴幾滴在白飯上來吃，簡直是超幸福的一刻。秋天則是令人興奮期待的收成季節。等到花謝、結果的時候就差不多了。看到盡心盡力栽培，充滿活力的荏胡麻葉，令人感動不已。也讓人望眼欲穿地等待著變成最好的油那一天。

用「森繁物產」的荏胡麻製成的油！

「地＆手」的荏胡麻油。送進嘴裡的那一瞬間，香氣便在口中擴散開來。

今天分到一些荏胡麻的葉子！可以用來包肉，或者是用醬油醃成醬菜。

EGOMA OIL

與生產者交流，享受季節感

在我的烹飪教室裡用到的蔬菜，都是向各地的生產者訂購的當季食材。

我從以前就很想知道種菜的人在栽培作物的時候有什麼想法，而不只是付錢買菜了事。走一趟現場，就能知道種田的作業當中沒有一件事是輕鬆的。

再加上若聽到耕種過程中的各種花絮和對農家田地的重視，的確也會產生「因為是這個人種的才想買！」的心情。收下人家小心翼翼孕育的財產的感受，會對做菜的心情產生很大的影響。

FLORAL HONEY

如果是新鮮蜂蜜還能
感受到花的香味！

春天是金合歡及櫻花，初夏是橘子，秋天是蕎麥等等，採蜜的花會隨季節而異。可以品嚐到不同花的不同香味。

四季花卉的蜂蜜

即使是覺得突然跑去找生產者的門檻太高的人，也有可以輕鬆參加的活動。

像是可以體驗採集自四季的花卉，充滿酵素的國產蜂蜜「ORATNIR HONEY」製作過程的活動，便是出自埼玉市見沼區的養蜂人家之手。可以體驗採收、參觀用分離器從蜂箱採集蜂蜜的樣子，想當然爾，也可以試吃或購買。

直接向製作的人說聲「謝謝」，把錢交給對方，對方也會回以一句「謝謝」，把商品交給你。這是可以感受到上述溫暖的循環，既好吃又好玩的活動。

Column 2

比起殺菌，更建議與菌共生

小專欄

從大東西到小玩意兒，小嬰兒拿到什麼都會放進嘴巴裡，從不會想說「哇～這好難吃！」在無菌狀態下出生的小嬰兒，如果不這樣補充細菌，就會吃不下飯。藉由把細菌吃到肚子裡，逐漸長成也能消化肉類的體質。

大家都以為菌＝髒，但是在日常生活中，其實並不存在著非消滅不可的菌。

應該要注意的是，比起殺菌，更應該保持自然的平衡。地球已經運轉了好幾億年，就是憑藉著這個平衡。因為動物和植物都在這種狀態下持續生長，對人類而言也是最佳的狀態。

附帶一提，我家有很多發酵的東西，而且很少使用清潔劑，所以在都市裡也算是極少數存在著細菌的環境。但是，我並未因此而把身體搞壞。

自然而然地與菌共生——由衷地希望能讓大家知道我們還有這樣的選擇。

Chapter 3

可以在都市裡放慢腳步過日子的裝罐料理

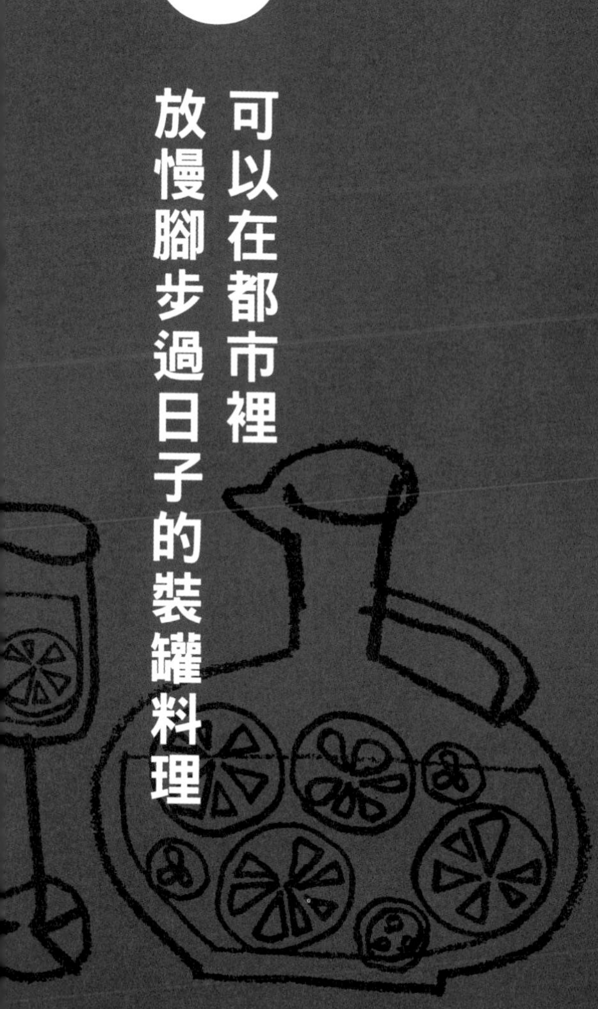

NANA's Style

1

四十五歲的現在最有活力！

造型師時代與現在。以前有三百條褲子！每季添購三十雙新鞋！過著匪夷所思的生活（笑）。如今每套衣服都珍惜著用很久。

我之所以會成為素食料理家的原因，是因為自己身體不好的緣故。

我在東日本大地震以前從事的是與流行時尚有關的工作。一開始是設計師，後來又轉成造型師。每天都過著令人眼花繚亂的刺激生活。但是我的身體也一直不太好，有過敏及異位性皮膚炎等各式各樣的毛病。還發生過好幾次過敏性休克，差點死掉，所以開始研究起食物來。

在研究的過程中，發生了那次的大地震。我的身體本來就已經七傷八病了，如今就連環境都變得多災多難，我非常害怕，不曉得該何去何從。基於「現在可不

因為想改善體質，以前上班的時候也會帶便當。身邊的人都說「看起來好好吃！」掀起話題，還曾經接過幫忙準備伙食的委託。

是搭配衣服的時候了！」的念頭，我決定踏上飲食療法這條路。因為辭掉工作，時間多了出來，我開始把透過自己的身體體驗到的事、學習到的事分享在臉書上。由於飲食與人生息息相關，我認為資訊多多益善。這麼一來，開始得到許多人「我想更深入了解」的反應。我努力思考『該怎麼讓大家知道？』的結果，決定開設烹飪教室。

開設教室至今四年。我今年四十五歲，過敏已得到改善，目前是我有生以來最健康的時刻。認為可以在見得到面的範圍內傳授重要事物的教室才是自己可以笑著活下去的地方。

NANA's Style

2

恩格爾係數好像很高!?非也非也，其實都是一樣的！

或許是因為我開了使用天然栽培蔬菜的烹飪教室，最常聽到的就是「像奈奈小姐那樣的生活，好像要花很多錢」這句話，答案絕對是ＮＯ！

像是有人會說「食用油要花到三千塊？太貴了，買不下去！」請問妳花多少錢在化妝品上呢？試想塗在身體上的東西和吃進體內的東西，哪一種對肌膚比較重要時，我認為是後者，所以會把錢花在食用油上。就只是這樣而已。

好的食材可以全面運用在生活中。廚房衛浴的打掃要用到檸檬和小蘇打粉，肥皂則是用油和氫氧化鈉自己動手做。化妝水也是用蜂蜜和水製成的。

將自然的恩賜運用在生活中，就會大幅減少購買市售品的機會，從整體的角度來看，支出其實並沒有改變。

左頁的照片是自製的創意飲料。不要買便利商店垂手可得的飲料或調理好的食物，而是自己動手做。這麼做也可以省下不少錢。

柑橘類與香草十分對味。〈右〉檸檬洛神花茶、〈右下〉檸檬葡萄柚牛至草香辛料茶、〈下中〉檸檬加檸檬薄荷茶、〈左下〉夏橘甜菜洛神花茶。

有竹子、備長炭、大麻屬等種類，建議初學者用竹子來做。因為很便宜，所以能廣泛地運用。

NANA's Style

3

光一塊木炭就能讓空氣清淨

炭是每天生活裡不可或缺的物品。有助於吸收水分，幫忙調節濕度，或者是吸收正離子、釋放負離子，還可以預防跳蚤及黴菌的繁殖。只要放在房間裡，就能用來代替空氣清淨機。因為含有礦物質，放在水裡或和米一起煮會變得很美味。

為了讓炭可以充分地發揮作用，我會以放進水裡或放進米裡↓放進浴缸裡↓放在房間裡的方式加以善用。最後再敲碎，放進觀葉植物的土裡。因為是天然的產物，也不會產生垃圾。

不可思議的是，如果把炭放在枕邊，似乎還能換來一夜好眠。明明有失眠的困擾，如今卻睡得很沉。或許也具有讓心情平靜下來的效果。

1 放進水裡

只要把一塊炭放進水裡即可。用肉眼觀察，如果覺得好像有點疲態了？就該換了。最久也不要用超過兩個月。

放進米裡

煮飯的時候加進去。因為會釋放出礦物質的成分，最久不要用超過兩個月。此外，大麻櫟的炭比較軟，所以不適合用來煮飯。

2 放進浴缸裡

由於具有遠紅外線的效果，可以促進排汗或血液循環。也有美白效果及改善便秘、神經痛、頭痛、手腳冰冷之類的作用。

放進網子裡

煮沸

3 放在房間裡

把放進浴缸裡用過的炭放在太陽下曬乾以後，直接放在房間裡，有助於淨化空氣。等到房間用的炭累積到一定程度以後，再敲碎，做成植物的土，使其回歸自然。

Charcoal

奈奈流・炭的使用之道

徹底使用到最後的最後！
充分追求炭的廢物利用。

NANA's Style

4

純手工的防蟲器具也很有效！

伏特加＋精油＋水可以輕鬆地做出防蟲噴霧。關鍵在於精油。蟲最討厭精油的味道，蚊子不會靠近尤加利檸檬和檜葉，蟑螂不會靠近丁香的味道。除此之外，天竺葵和薄荷等等也都具有除蟲的效果。

我推薦「普羅芳公司」的精油。稱之為『化學種』，無農藥的精油自不待言，全都清清楚楚地標示出藥效成分。

因為散布在室內的東西可能會吸入人體，一旦知道是安全的產品，噴每一下的安全感都會不一樣。蟲不會過來，人也會放鬆。就連小朋友也可以噴，是很好用的防蟲劑。

使用了尤加利檸檬，用來趕蚊子。如果要用蚊香，「菊花蚊香」含有天然的成分，請放心。

自製防蟲噴霧

材料

- 伏特加
- 精油（尤加利檸檬＆薰衣草）
- 精製水

作法

將5ml的伏特加裝進噴霧瓶裡，滴入6滴尤加利檸檬、5滴薰衣草，充分搖勻。然後再加入45ml的精製水就大功告成了。

重點

請在一個月以內用完。

蟑螂討厭香花罐

材料

- 丁香
- 精油（丁香）

作法

取出適量的丁香，再倒入適量的丁香精油就大功告成了。放在廚房等擔心有蟑螂出沒的角落。

重點

只要加入保冷劑裡的凝膠，就可以長保有效。不過，家裡有寵物或小小孩的家庭，可能會不小心吃下凝膠，所以請特別注意。

我想我之所以能持續只用溫水洗頭，
大概是因為幾乎不吃化學性的油脂。
因為吃進去的東西會變成油脂排出來。

NANA's Style

5

「只用溫水洗頭」反而很爽快！

只用溫水洗頭常常會被問到「不會黏黏的嗎？」「不擔心會發出臭味嗎？」我也知道門檻很高。我一開始也難以置信。但是，抱著「反正不行的話再用洗髮精就好了！」的心情試過一次之後，卻發現「咦？意外地還不賴耶」。試過只用溫水洗頭＆黃楊木梳子以後，就再也回不去了。不用洗髮精的話，常在菌就不會死掉，所以能恢復頭皮的保護機能，讓髮絲變得健康。

以鹽醃漬用來做菜的檸檬皮。放進浴缸裡，維生素C和氯中和之後，就會變成對皮膚很好的熱水。

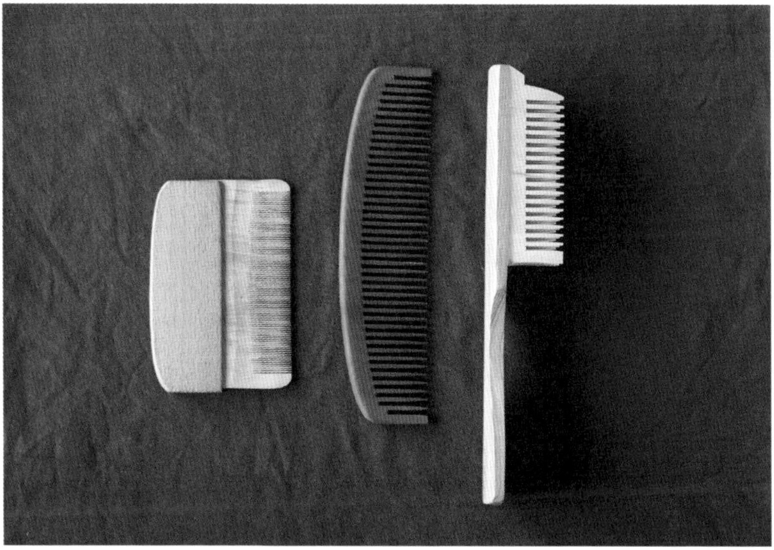

以把頭皮鬆開的感覺用齒縫比較疏的梳子給予頭皮刺激，以把頭髮梳開的感覺用齒縫比較密的梳子來梳頭，感覺很舒服。

NANA's Style 6

改變價值觀的「黃楊木梳子」

希望大家務必要嘗試黃楊木梳子。只要梳過一次，頭髮就會滑順到讓人不禁發出「咦!?」的一聲。明明是自己的頭髮，卻讓人忍不住想一直摸。

梳頭髮的時候，感覺非常舒服，輕輕地敲打頭皮、以刮痧的方式按壓脖子和肩膀也是人生一大樂事。由於木頭具有協助囤積在體內的電氣釋放出來的作用，可以讓頭變輕。我自從開始使用這種梳子以後，頭皮就再也沒有問題，可以只用溫水洗頭。

一開始先買萬用型的梳子，齒梳斷掉以後，心一橫也買了尺寸適中的梳子，最後連齒縫比較密的梳子也買下來。完全迷上了。價格雖然不斐，但是卻有用上一輩子的價值。

How To
自製碳酸面膜

1

將1大茶匙米糠、1小茶匙小蘇打粉、1大茶匙醋攪拌均勻。我使用的是在來種的米糠和手工柿子醋。

2

立刻攪拌一下，馬上出現輕柔膨鬆的泡沫！放在皮膚上，過一段時間再沖乾淨。

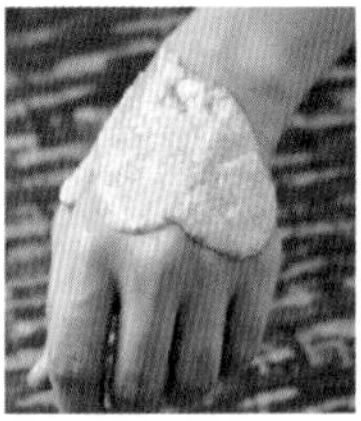

NANA's Style 7
可以淡化斑點的米糠＋小蘇打粉＋醋

在烹飪教室裡，只要讓大家做這件事，大家一定都會很興奮的，莫過於這款碳酸面膜。皮膚會變得細緻，而且超保濕，還會滑溜溜的。回過神來，就連深刻的斑點也變淺了。

平常都是用溫水洗臉，心血來潮的時候再來做這個特別保養，用輕盈綿密的泡沫把臉包起來。

錫林郭勒盟小蘇打粉
天然的小蘇打粉。除了做成碳酸面膜以外，也可以使用在打掃等各式各樣的用途上。
〈木曽路物產〉

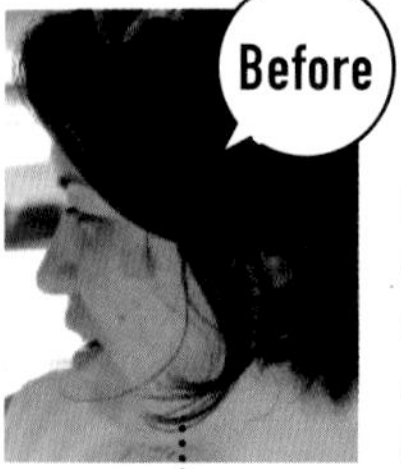

幾年前的我。左眼旁邊有個十塊錢硬幣左右大小的斑點，很明顯。

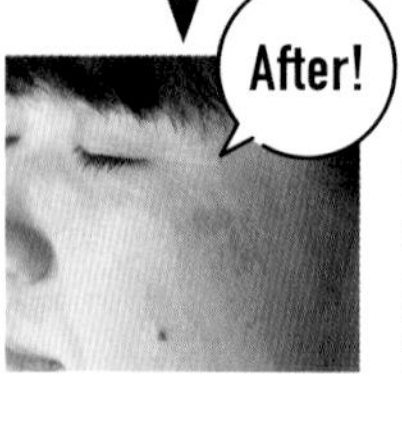

開始敷面膜以後，大約一年半就消退到這個程度！最驚訝的其實是我自己。

NANA's Style

8

蜂蜜水是我的保養品

用水稀釋蜂蜜，就成了我的化妝水。只要有這玩意兒，幾乎不需要其他產品，是最厲害的保養品。蜂蜜含有大量的高保濕成分、抗氧化作用、活的礦物質。依照當天的心情選擇要用的蜂蜜。經過加熱處理的蜂蜜就成了平凡無奇的糖，所以請選擇Raw（非加熱）的蜂蜜。直接抹在整張臉上泡澡的蜂蜜面膜時間，也讓人心蕩神馳。

森羅萬象 天山蜂蜜

萃取自在維吾爾自治區天山山脈，只開花兩個禮拜的珍貴野生花卉。每瓶的結晶都不一樣，可以充分感受到有生命的感覺。〈Local is Global〉

ORATNIR HONEY

追著櫻花及薰衣草、橘子等花移動蜂巢，採集到的蜂蜜。味道和成分會因花而異，也很迷人。

請不要丟掉煮大豆的泡泡！

建議拿在煮大豆的時候產生的泡泡來洗臉。稱為皂苷的成分不僅可以洗掉污垢，還能保有比例恰到好處的油脂。

Epilogue

滿心期待、
滿懷雀躍地享用每天的料理
笑著做菜，
同時也把幸福煮進去

感謝各位拿起這本書，而且還看到最後一頁。

透過改變我體質的飲食，可以寫出這樣的書，真是非常幸福的一件事。

因為每天都要吃飯，我覺得要怎麼打起精神面對每天的飲食是很重要的事。

負責做菜的人會不會邊做菜邊感到興奮期待？我在構思食譜的時候，總會在心裡記掛著這件事。因為我覺得做的人如果無法哼著歌做菜，這種食譜一定無法持續下去。

因此，盡可能把做菜的工程縮減到最簡單，雖然營養十足，但是外觀看起來就不能強求了（笑）。只要能提供給不管是吃的人、還是做的人都很開心的餐點就夠了。

吃飯這件事，不僅是攝取生命能量的行為，同時也是加深交流的時間和場合。如果能吃到色香味俱全又營養豐富的佳餚，還能露出笑容，把煩心的事拋到腦後。無論是吃的人、還是做的人，都充滿了感情，真是太好了！最近這個劍拔弩張的社會，大家的心靈和身體都營養不良了不是嗎？

這句話聽起來很廢話，為我們塑造出健康身體的是今天吃下肚的「飯菜」。只要能笑著吃下「那一口」，肯定會對身體產生良好的作用；只要有健康的身體，應該會對自己和他人都變得溫柔。

如果這本書能幫助大家學會這種打造健美體魄的方法和選擇的知識、以及做菜的樂趣，則再也沒有比這個更開心的事了。

最後，我由衷地感謝給我這個機會的相關人員，謝謝你們。

秋場奈奈

Shop List

AMRITARA	0120-980-092
ALISHAN	042-982-4811
岩戶館	0596-43-2122
INTER FRESH	0120-55-1109
ecot	0952-23-6073
小笠源味淋釀造	0566-41-0613
ORATNIR HONEY	090-2497-7466
GIGA	03-3319-7272
木曽路物產	0573-26-1805
健康商店健友館	0120-4649-40
Cosmetic Times	0120-88-7565
庄分酢	0944-88-1535
角谷文治郎商店	0566-41-0748
地 & 手	090-9314-2465
天神自然農園	0835-23-3008
Natural Life Foods JAPAN	support@nlfjp.com
NATURAL KITCHEN	0120-572310
日本啤酒	03-5489-8888
沖繩海鹽	0120-70-1275
白扇酒造	0574-43-3835
PACHAMAMA	03-5287-1440
馬場本店酒造	0478-52-2227
PURE La BALI	pure-la@cside1.com
福光屋	0120-293-285
故鄉物產	017-726-8955
Prema	0120-841-828
丸川味噌	0778-27-2111
雅媽吉	0274-52-7070
Lines	0120-55-8349
Rible Life	0120-31-0366
Local is Global	03-6455-3677

PROFILE

秋場奈奈 (NANA Akiba)

素食料理家、健康美食研究家

為了改善從小就因為過敏，深受異位性皮膚炎及粉塵、食物、動物、花粉等所苦，還曾經因為過敏性休克而從鬼門關前走一遭的體質，努力學習養生與食物，克服過敏。身為以蔬菜及發芽酵素食品為主的素食料理家、健康美食研究家，大展身手。除了開設烹飪教室、研討會以外，也是餐廳的顧問。

部落格「奈奈大陸」：nanaakiba.blogspot.tw/

臉書：www.facebook.com/nana.akiba.7

TITLE

常備醃漬多蔬料理

STAFF

出版	三悅文化圖書事業有限公司
作者	秋場奈奈
譯者	賴惠鈴
總編輯	郭湘齡
責任編輯	黃思婷
文字編輯	黃美玉　莊薇熙
美術編輯	朱哲宏
排版	執筆者設計工作室
製版	明宏彩色照相製版股份有限公司
印刷	皇甫彩藝印刷股份有限公司
法律顧問	經兆國際法律事務所　黃沛聲律師
代理發行	瑞昇文化事業股份有限公司
地址	新北市中和區景平路464巷2弄1-4號
電話	(02)2945-3191
傳真	(02)2945-3190
網址	www.rising-books.com.tw
e-Mail	resing@ms34.hinet.net
劃撥帳號	19598343
戶名	瑞昇文化事業股份有限公司
初版日期	2016年10月
定價	250元

國家圖書館出版品預行編目資料

常備醃漬多蔬料理 / 秋場奈奈作；賴惠鈴譯.
-- 初版. -- 新北市：三悅文化圖書, 2016.08
128面；14.8 x 21公分
ISBN 978-986-93262-4-7(平裝)
1.蔬菜食譜 2.烹飪

427.3　　105016286

為了讓食物

在我們身體內製造有活力的細胞

請填入大量的愛！